中国地质大学（武汉）实验教学系列教材
"国家地质学实验示范中心"建设专项资金
国家地质学理科基地项目（J1103407）资助

地史学实习指导书

DISHIXUE SHIXI ZHIDAOSHU

蔡熊飞
陈　斌
袁爱华 ◎ 编
吴丽云
徐　冉

中国地质大学出版社
ZHONGGUO DIZHI DAXUE CHUBANSHE

内容提要

本实习书与刘本培和杜远生等编著的现行地史学教材是紧密配套的。本着兼顾不同专业的需要(地质调查、地质学、地球化学、地理等专业)。按照"内容丰富、基础扎实、兼顾学科前沿发展"的需要,突出了"理论教学与实践性环节紧密结合、增加动手能力"的特点,我们编辑可供48~64学时的地史学实习书,也可供其他高等院校地质类专业地史学课程实习使用。

图书在版编目(CIP)数据

地史学实习指导书/蔡熊飞等编. —武汉:中国地质大学出版社,2014.3(2017.1 重印)
中国地质大学(武汉)实验教学系列教材

ISBN 978-7-5625-2471-7

Ⅰ.①地…
Ⅱ.①蔡…
Ⅲ.① 地史学-高等学校-教学参考资料
Ⅳ.①P53

中国版本图书馆 CIP 数据核字(2014)第 013345 号

地史学实习指导书	蔡熊飞 陈斌 袁爱华 吴丽云 徐冉	编
责任编辑:李 晶	责任校对:张咏梅	

出版发行:中国地质大学出版社(武汉市洪山区鲁磨路388号)	邮政编码:430074
电话:(027)67883511 传真:(027)67883580	E-mail:cbb@cug.edu.cn
经 销:全国新华书店	http://www.cugp.cug.edu.cn

开本:787毫米×1 092毫米 1/16	字数:176千字 印张:6.875
版次:2014年3月第1版	印次:2017年1月第2次印刷
印刷:武汉市籍缘印刷厂	印数:1 001—2 000册

ISBN 978-7-5625-2471-7	定价:24.00元

如有印装质量问题请与印刷厂联系调换

前言

为适应地史学学科21世纪发展和教学需要,在原《古生物地史学实习指导书》(1996版)以及原《地史学实习教程》(1990版)的基础上,经过广泛征求地调专业、地质学专业以及地理、地球化学等任课老师们的意见,重新编写成书,作为《地史学教程》(2014,待版)以及《古生物地史学概论》的配套教程。本书以地史学64学时为基础,兼顾不同专业学时数教学的需要编写而成。

地史学实验教学已经走过六十多年的历程。1977年随着本科教育学制的改革,由二十世纪五六十年代的五年制改为四年制,但室内实习的比例仍然很大。理论教学与实习教学比例为2∶1。二十世纪九十年代后期,随着高新技术和信息科学的发展,对地质本科教学培养计划进行了大的调整,学时数急剧减少,造成理论教学压缩,而实习课时更加压缩的状况。以分论实习为例,由过去以纪为单位变为断代实习为主,学生理论联系实践和动手时间越来越少。

本书编写的指导思想是站在学科发展前沿,深化实习内容,加强三基(基本理论、基本知识、基本能力)、加强学生动手能力以及综合分析能力的训练,有利于学生理论紧密联系实际,有利于学生主动学习的需要。

与过去实习教材的内容相比,本书内容甚为丰富,实习内容包括课堂和少量课后的内容。实习实物中的许多标本十分精美,它们来之不易,是长期积累的结果。集知识、欣赏为一体,可以大大提高学生们的学习兴趣。

在本书出版之际,特别感谢为本书把关的龚一鸣教授、颜佳新教授、冯庆来教授等,尤其是尊敬的学科领头人刘本培先生,不顾年岁已高,亲自审阅了全文,提出了很好的修改意见和值得探讨的建议,为本书增色良多。

同时十分感谢学校职能部门和杨坤光教授长期给予实验室建设和本书出版的支持和关心。

编写一本具有21世纪特色的地史学实习指导书实属不易。由于国内可供借鉴的同类参考书不多，以及作者的水平和经验不足，书中难免存在疏漏和错误之处，望广大读者不断提出宝贵的意见和建议。

编者

2013年6月24日

目 录

总论实习

实习一　主要沉积环境、常见沉积相标本的实习 …………………………………1

实习二　岩相古地理图编制 …………………………………………………………11

实习三　地层划分对比及地层单位的确定 …………………………………………15

实习四　地层划分对比、沉积相分析和沉积示意剖面图编绘 ……………………19

实习五　现代地理、地貌及历史大地构造分析 ……………………………………25

分论实习

实习六　中国南华纪、埃迪卡拉纪岩相古地理沉积示意剖面图的制作

　　　　及岩相古地理图读图方法 …………………………………………………34

实习七　南华系、埃迪卡拉系、下古生界生物群面貌及代表性化石 ……………39

实习八　南华系、埃迪卡拉系、下古生界地史特征及总结 ………………………57

实习九　上古生界生物群面貌及代表性化石 ………………………………………64

实习十　上古生界地史特征及阶段性总结 …………………………………………77

实习十一　中、新生代生物群面貌及代表性化石 …………………………………80

实习十二　中、新生代地史特征及阶段性总结 ……………………………………98

主要参考文献 ………………………………………………………………………104

总论实习

实习一　主要沉积环境、常见沉积相标本的实习

一、实习目的

(1) 观察了解一些常见沉积相类型的识别标志以及含生物化石的古环境意义。
(2) 学习沉积相分析的方法。

二、实习内容

(一) 岩相的识别标志或依据

1. 生物化石

在岩相分析中,主要根据各类生物的生态特征、生存环境、埋藏和保存情况、生物群面貌和生物组合等来推断当时的沉积环境(图1-1)。例如植物化石多指示陆地环境,有年轮的乔木代表温带气候,无年轮则代表热带气候;淡水鱼类、昆虫类、蚌类、介形虫、叶肢介和两栖类的生物组合反映了湖生物特征,代表当时为温暖、潮湿或半潮湿气候下的湖泊环境;腕足类、珊瑚、三叶虫则指示浅海特征。化石保存得完整表明水体平静、原地埋藏;化石破碎则反映水动力条件动荡,或经搬运,异地埋藏。

2. 特殊的新生矿物

新生矿物通常是在一定的地形、气候、水化学条件下形成的,不是从异地搬运来的。例如:海绿石多形成于海水深度150～200m的浅海地带;鲕状赤铁矿主要产于水体动荡、水深35～40m的平坦海底,反映炎热、潮湿的气候条件。

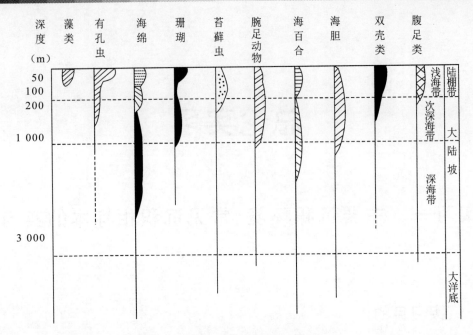

图1-1　各种底栖生物与深度的关系

(引自杨式溥,1993)

3.沉积物的岩性特征

岩性特征主要指其成分、结构和构造,各类岩石的形成是受一定的自然地理条件和沉积环境控制的。例如具水平层理的泥岩反映静水环境,鲕状灰岩反映浅而动荡的水体;泥裂是浅水区(滨海和滨湖等地)形成的一种暴露构造;交错层理反映一种动荡的水体(风成交错层理例外)。

一般在进行岩相分析时,若无特殊新生矿物存在,应首先考虑生物特征,因为生物对环境的专属性很强(图1-1)。如群体珊瑚通常生活在温暖、清澈的浅海环境里,而滞流、静水环境仅有浮游生物存于表层水中。相反,沉积岩岩石类别对环境的专属性就不那么强,如砂岩在河流、湖泊、滨海、三角洲、浅海等各种环境中都可以形成。

(二)观察和掌握一些典型的岩相标志,并了解其指相意义

地层中肉眼可观察到的沉积结构、构造等宏观标志在岩相分析中最常使用,按其层面成因可分为生物与非生物的(物理、化学的)两类,非生物成因的有层理、层面构造,如水平层理、波状层理、各种交错层理以及雨痕、波痕、泥裂、盐类假晶等;生物成因的层面构造有生物爬迹、钻孔、潜穴等。

1. 几种典型层理构造（图1-2）

图1-2 常见的层理构造

1.丘状交错层理；2.波痕（对称）；3.浪成交错层理；4.湖成交错层理；5.斜层理（板状）；
6.递变层理、平行层理；7.槽状交错层理；8.水平层理；9.滑塌层理；10.鲍马序列CD层序

2. 层面构造的观察（图1-3）

层面构造包括波痕、泥裂、爬痕与足迹、石盐假晶、底模构造等。

图1-3　常见的几种层面构造

1、2.雨痕；3、4.泥裂；5、6.石盐假晶；7.底模；8.蚓状爬痕

3. 典型岩相标本（图1-4、图1-5）

观察典型岩相标本并判断其形成环境。

图1-4 常见的岩相标本类型

1. 鲕状灰岩；2. 竹叶状灰岩；3. 珊瑚礁灰岩；4. 层孔虫礁灰岩；5. 含菊石硅质泥岩；
6. 放射虫硅质岩；7. 介壳灰岩；8. 含笔石的黑色页岩

图1-5 常见岩相标本类型

1.核心石灰岩;2.藻灰岩;3.含三叶虫鲕状灰岩;4.含植物化石的黑色页岩;5.含三叶虫灰黑色泥岩;6.生物碎屑灰岩;7.鲕状赤铁矿;8.含蝌蚪化石的缟状页岩

(1) 具单向斜层理的砂岩。沉积物多由粗砂、中砂组成，分选、磨圆好，层理向一个方向倾斜，倾斜方向指示了水流方向，是河流环境特有的沉积特征。

(2) 富含陆生生物组合的页岩。岩石成分为黏土质（有时为硅藻土），水平纹层发育，富含淡水双壳类、鱼、叶肢介、昆虫和蛙类化石，并见植物茎、叶化石，保存比较完整。淡水生物组合说明为陆相水体的沉积环境，化石保存很好，甚至一些细微的结构也保存了下来，指示为静水环境。而沉积物细且具水平纹层，也指示水体平静，并且搬运距离远。一般应为潮湿气候条件下浅水湖区的较深部分至深水湖区（湖泊中心地带）的沉积。

(3) 含植物化石的黑色页岩。岩石的颜色为黑色，粒度细，为黏土质，含有丰富的植物化石。植物化石的大量保存说明当时气候温暖、潮湿、植物生长茂盛。埋藏后，经过了脱水作用，保存下炭质，导致岩石呈黑色。细粒沉积物反映地形平坦，能力较小。因此含植物化石的黑色页岩代表了温暖潮湿气候条件下的平原沼泽沉积。

(4) 竹叶状灰岩。岩石具扁长的碳酸盐质砾石，砾石从纵剖面观察类似竹叶，磨圆较好，有的竹叶状砾石表面可氧化成黄色或褐色。不定向排列或略具定向，钙质胶结。竹叶状灰岩的成因，一般认为是由于先沉积的碳酸钙在尚未固结或刚刚固结的情况下，由于风暴浪的影响而被击碎，并由波浪冲击磨圆（因不坚硬，很容易被磨圆），随后又被新沉积的碳酸钙胶结成岩，具同生砾岩的性质。砾石表面的褐黄色晕圈通常反应这些砾石曾一度暴露水面经受氧化，表面的二价铁被氧化成三价铁而呈现褐黄色，它反映了海水浅且能量高的沉积环境。

(5) 具石盐假晶的紫红色粉砂岩或粉砂质泥岩。岩石呈紫红色、红色，成分为粉砂或黏土，在表面上可见立方状石盐假晶。石盐的形成和干旱的气候有密切的关系。干旱气候条件下由于水分大量蒸发、水体中含盐度不断增加，当含盐度达到饱和时石盐就结晶出来。岩石中所见石盐假晶多数为孤立零星而分散的晶体，推测当时形成石盐时不是整个海盆干涸结晶的，只发生在一些浅水区段。石盐晶体长成之后被沉积物覆盖，又由于海水含盐度的降低而溶解，留下的孔隙被黏土质成分充填，从而保存了石盐的晶体形态，故称石盐假晶。岩石主要为细粒沉积物，说明当时地势平坦，代表干旱气候条件下滨海或滨湖地带的沉积。通常根据这套岩石及其上下地层中所含化石来判断其环境，如果含有海相化石则可能为滨海沉积，如含陆相湖泊生物组合，则应为滨湖沉积。

(6) 鲕状赤铁矿。岩石为铁红色，基本成分为赤铁矿（Fe_2O_3），具鲕状结构，鲕粒直径0.5～2mm左右，有时可见其中含有生物化石碎片。鲕状赤铁矿代表温热潮湿气候条件下,铁可呈胶体存在于酸性水中(水体含有腐植酸而呈酸性),然后被河流带到海滩、浅海地带,在水体动荡的条件下,以砂粒或骨屑粒为核心凝聚沉淀。推测它代表了湿热潮湿气候条件下动荡的浅海高能环境。

(7) 含三叶虫碎片的鲕状灰岩。灰岩中具不同含量的鲕粒,粒径1mm左右。伴生有较多的三叶虫碎片。当温暖的海盆中碳酸钙含量达到过饱和时,波浪一旦搅起海底的砂粒和生物屑,碳酸钙就会围绕着他们呈同心状凝聚而沉积,并形成鲕状结构,三叶虫碎片也是波浪冲击的结果。代表了温暖动荡的浅海高能环境。

(8) 礁灰岩。岩石主体由造礁生物组成。生物含量一般占50%以上,造礁生物有珊瑚、层孔虫、藻及钙质海绵,还有一些喜礁和附礁生物与灰泥一起充填于造礁生物的孔隙中。造礁生物一般都生活在水温20°左右的热带清澈正常浅海中,水深不超过50～70m而以30m最盛,故礁灰岩反映了热带温暖清澈的浅海环境。

(9) 底面具印模或槽模的砂岩。砂岩与泥岩呈韵律层,每个韵律层厚度不大,十几厘米至几十厘米。砂岩基质含量较高,具递变层理。砂岩底面上往往发育槽模、沟模、工具模等印模及深水型遗迹化石,可见明显或不太明显的鲍马序列,泥岩中可见富有生物化石(如笔石等)。代表典型的浊流(重力流)沉积。

(10) 含笔石的黑色页岩。岩石黑色,黏土质,常见不清晰的水平层理,含丰富的笔石化石,偶见黄铁矿晶粒。在一些受阻隔的海盆或海湾环境里,由于水循环受限制,水流不畅而滞流;或者在较深的海环境中,由于底部缺氧而造成还原环境,底栖生物不能生存,但有浮游的笔石落入其中而被保存了下来。同时还原环境中的硫化氢与铁化合生成黄铁矿微粒,致使岩石的颜色变为黑色;水流不畅或水体较深,水能量低,水体平静,形成水平层理或纹层,沉积物也很细,故含笔石的黑色页岩代表深水或水流不畅环境下的缺氧还原沉积(图1-4-8)。

(11) 含游泳型菊石的硅质、泥质岩。黑褐、褐红、灰黑色薄层至中层铁锰质硅质岩、硅质泥岩、灰黑色薄层泥灰岩及含炭钙质页岩,水平层理,产菊石类及其他浮游生物化石,未见底栖生物化石。岩石中只保存游泳的菊石类,不见底栖生物,水平层理发育,代表较深水低能环境(图1-4-5)。

(12) 含丘状层理的砂岩。层理面上可见清楚的丘状层理。丘状和凹状层理是由风暴形成的特殊的沉积构造,是由风暴浪形成的强有力的摆动水流或多向水流作用于海底床砂形成的。丘状层理的纹层在剖面上呈缓起伏的撒开或收敛的形态,层序厚度和上凸幅度与风暴摆动力的强度成正比(图1-2-1)。

4.试进行沉积环境分析(表1-1)

表1-1 课堂示范练习

序号	描述	环境解释
8	灰黑色粉砂岩夹黑色页岩和油页岩,水平层理。具丰富的浅水双壳类、介形类、叶肢介、鱼类及植物化石　　　　　　　　　　　　　　　　100m	
7	灰绿色细、粉砂岩夹含砾砂岩,见交错层理和波痕,含淡水双壳类、腹足类化石,壳多破碎　　　　　　　　　　　　　　　　　　　　　25m	
6	黄白色砂岩夹砾岩,见槽状交错层理,砾石鹅卵状,叠瓦状排列,偶见硅化木,横向上厚度变化大　　　　　　　　　　　　　　　　　0~10m	
5	硅质岩与硅质泥岩互层,水平层理发育,含菊石化石　　　100m	
4	浅灰色灰岩,含䗴、珊瑚化石　　　　　　　　　　　　238m	
3	深灰、灰黑色灰岩,含燧石结核,含珊瑚、䗴类化石　　　230m	
2	灰黑色页岩、砂岩,含数层煤,页岩和砂岩中含植物化石　　50m	
1	黑色页岩,具很不明显的水平层理,偶见黄铁矿晶粒　　　30m	

三、作业

对下列地层资料进行岩相分析(表1-2、表1-3)。

表1-2 沉积环境岩相分析

层号	描述	环境解释
10	紫红色长石石英砂岩与紫红色泥岩夹石膏层,泥岩中偶见陆相脊椎动物骨骸化石　　　　　　　　　　　　　　　　　　　　　30~80m	
9	杂色与紫红色泥岩,植物化石稀少　　　　　　　　150~200m	
8	黄绿色砂岩夹杂色页岩及煤线,含植物化石　　　　60~100m	
7	黑灰色砂岩、黑色页岩夹煤层,含丰富的植物化石　　80~150m	
6	黑色页岩夹多层煤层,夹灰岩透镜体,页岩中含植物化石,灰岩中含腕足类化石　　　　　　　　　　　　　　　　　　　　　90~110m	
5	深灰色灰岩,含䗴类化石　　　　　　　　　　　　　　　5m	
4	黑灰色页岩夹煤层,含植物化石　　　　　　　　　　　50m	
3	灰色灰岩,含珊瑚、腕足类及䗴类化石　　　　　　　　　5m	
2	灰绿色、深灰色页岩,粉砂岩夹煤线,含植物化石　　　　30m	
1	铁、铝质古风化壳　　　　　　　　　　　　　　　0.5~2m	

表1-3 岩相标本实习报告

岩石名称 （颜色+名称）	沉积构造		鲍马序列	沉积作用 方式	环境相（大致）	古气候		
	层面	层理						

实习二 岩相古地理图编制

1. 岩相古地理图的概念和填图方法步骤

对地史时期中某地区的地层通过岩相分析进行综合研究，就可以了解当时海陆分布、地势和气候等特点。把这些研究成果按一定的比例尺，以简明易读的图例综合表现在地理底图上，就成为古地理图。

由于地史时期的自然地理特征已经不复存在，我们不能直观地看到它，只有通过对古代沉积物进行岩相分析而间接地认识。因而人们通常在古地理图上加入沉积岩相的内容，这样便成为岩相古地理图。

在编制岩相古地理图之前，首先必须了解编图区所属大地构造分区和区域构造背景，收集文献资料；其次是进行野外资料的收集。在野外资料收集过程中，要测制控制性岩相剖面和若干条短的辅助性岩相剖面，并根据所选比例尺的精度要求布置观察路线，从而由点到面掌握编图区的岩性、岩相特征和分布规律。具体资料包括以下的内容。

(1) 岩石学资料：①岩石的物质成分；②岩石的结构构造，如颗粒大小、磨圆度、层面和层理特征（波痕、泥裂、盐类假晶、各种交错层理）；③新生矿物及指相矿物，如海绿石等；④岩层的相变及厚度变化情况；⑤岩层之间的接触关系。

(2) 古生物资料：①化石的种类及生态特征；②化石的埋藏情况，原地埋藏还是异地埋藏，化石排列方向完整程度；③生物遗迹及生物扰动构造，如爬迹、钻孔、掘穴、潜穴等。

对上述资料进行整理分析之后，作出岩相古地理图的基础图件——实际资料图。随后即可着手编绘岩相古地理图，编图过程中要具体解决以下几个问题。

(1) 海陆界线的确定。地质历史时期的大陆部分具有沉积，部分则处于剥蚀区而无沉积，所以海陆界线（海岸线）应划在海相沉积（最后是滨海沉积）与陆相沉积或古陆剥蚀区之间。

(2) 海盆中不同岩相类型的圈定。即区分滨海、浅海、半深海、深海及它们内部不同岩相类型，如滨海砂砾岩相、浅海砂页岩相、浅海灰岩相等。

（3）对陆地上的剥蚀区、沉积区以及沉积区内不同沉积类型进行划分圈定。如湖泊沉积、河流沉积、山麓堆积、冰川堆积等。

编制岩相古地理图首先应该注意古地理图反映的某一段地质时期的综合沉积特征。绝非现在地理图反映的是现代"一瞬间"的自然地理现象。现代河流在图上似一条细长的绳子，而古代某段地史时期的河流相沉积则呈很宽的带状分布，它是古代河流在这段地史时期内反复迁移的结果；其次要注意沉积相的空间分布一般情况下要符合瓦尔特相律，要具有一定的共生组合规律。即成因上相近或相邻的横向上或纵向上依次出现，而截然不同的两个相绝不可能毗邻，如广海陆棚相中不可能突然出现河流相沉积。

有时为了反映某一地质时期沉积厚度的分布情况（一般多指海相沉积），常常把等厚线直接描绘在岩相古地理图上，这就是沉积等厚图。这可以根据各个地区的地层资料，利用等值线法和内插法来绘制等厚图。等厚图的意义在于可以直观地大致反映地壳下降幅度，也就是说，在沉积物沉积速度与地壳下降速度相平衡时，等厚图可以反映某区在某时代的地壳运动状况。它是分析地史发展的重要手段之一。

2.编制琼州地区晚泥盆世岩相古地理图

（1）根据所给琼州地区晚泥盆世地层柱状图，进行岩相分析和岩相类型的划分（图2-1）。

（2）按所给岩相图例，将各柱状剖面的岩相类型标在各点上。

（3）作琼州地区晚泥盆世岩相古地理图（图2-2）。①画出海陆界线；②画出海相中不同岩相类型的界线；③在各自的岩相带内填绘各自的图例符号。

（4）根据柱状剖面图所给地层厚度，将各点厚度标在图2-2中的右上方，用等值线法和内插法画出等厚线。

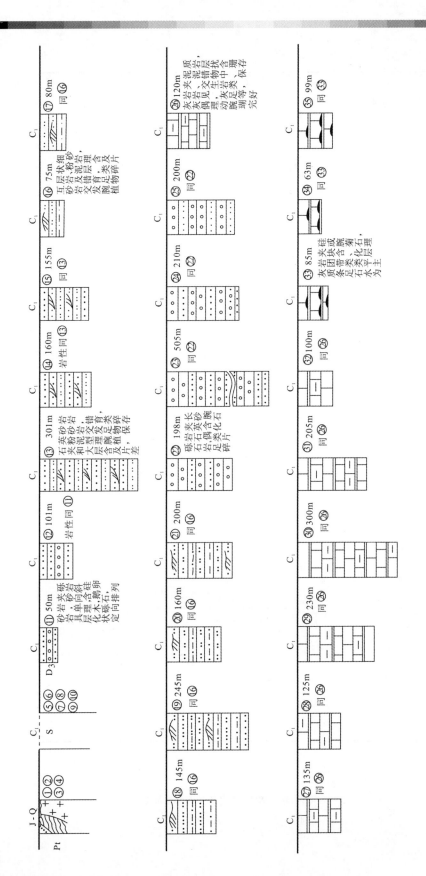

图2-1 琼州地区晚泥盆世地层柱状图

(引自全秋琦、王治平等,1990)

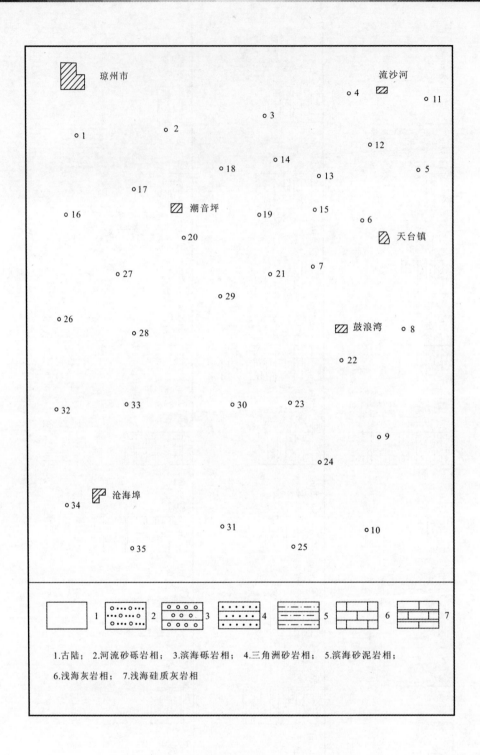

图2-2 琼州地区晚泥盆世岩相古地理图

(据全秋琦,王治平等,1990)

实习三　地层划分对比及地层单位的确定

一、实习目的

(1)加深理解地层划分的概念及年代地层、岩石地层、生物地层的主要划分依据,并掌握其划分方法。

(2)通过对不同地区的地层对比,掌握地层对比的原理和方法。

(3)深入理解地层的主要接触关系类型,掌握判断地层新老顺序的方法。

二、实习内容

(1)通过仔细阅读图3-1剖面资料中的岩性特征、化石内容、厚度及接触关系。根据地层划分的原则,确定出地层单位的界线,将界、系、统的界线、名称,以及组的界线标注在图的左侧,并自下而上编号。

(2)对图3-2所给剖面进行地层对比,要求对比到统。

(3)恢复图3-3中各套地层的形成顺序,判断剖面中的各种接触关系:①侵入接触;②沉积接触;③整合;④角度不整合;⑤平行不整合;⑥地层的超覆现象等。

三、课堂讨论

(1)谈谈你对宜昌三峡地区地层剖面划分的意见及根据。

(2)宜昌三峡地区地层剖面上有无上寒武统?根据是什么?

四、作业

(1)对山西(图3-4A、图3-4B)、贵州(图3-4C)地区石炭系—二叠系剖面进行地层对比,并指出山西两剖面上缺失哪些地层。

(2)图3-2中秭归、宜昌、张夏地区地层对比的依据是什么?张夏剖面和秭归、宜昌剖面对比缺失哪些地层?根据是什么?

地层单位						层号	柱状剖面图	厚度(m)	岩性描述	化石
界	系	统	群	组	段					
						20		未见顶	灰色及深灰色中厚层灰岩及生物碎屑灰岩	*Dactylocephalus* (指纹头虫)O_1
						19		341	深灰色厚层含硅质白云岩及角砾状白云岩	化石稀少
						18		82	浅灰、深灰色厚层白云岩	
						17		200	深灰色中厚层白云岩	
						16		168	灰色薄-中层白云岩、薄-中层含硅质结核硅质白云岩、泥质白云岩、鲕状白云岩、角砾状白云岩	*Anomocarella* (小无肩虫)ϵ_2
						15		75	深灰色中厚层白云岩	*Redlichia chinensis* (中华莱得利基虫)ϵ_1
						14		83	灰黑色泥质条带灰岩、鲕状豆状灰岩	*Megapalaeolenus* (大古油栉虫)ϵ_1
						13		85	灰色、灰绿色砂质页岩夹泥质灰岩	*Palaeolenus* (古油栉虫)ϵ_1
						12		70	黑色薄板状灰岩夹黑色页岩	*Hupeidiscus* (湖北盘虫)ϵ_1
						11		70	黑色页岩夹薄层灰岩	
						10		15	灰色中-厚层白云岩,含灰白色硅质团块	小壳动物化石ϵ_1
						9		40	灰-灰白色厚层白云岩,具鸟眼构造	
						8		80	灰-灰黑色薄-厚层硅质白云岩,含硅质结核	*Vendotaenia* (文德带藻)Z_2
						7		60	灰色厚层鲕状及内碎屑白云岩,具交错层理	
						6		80	灰-灰白色厚层白云岩,含硅质结核	
						5		10	黑色硅质页岩及黑色薄层白云岩	
						4		80	灰色薄-中层泥质白云岩,含扁豆状硅质、磷及黄铁矿结核,水平层理发育	
						3		80	灰绿、暗绿色冰碛层,下部含砾石大,上部含砾石少而小,砾石表面有擦痕,分选极差,成分复杂,无层理	
						2		30	黄绿色、灰色长石石英砂岩	
						1		15	灰色厚层砾岩、砂岩,砾石分选、磨圆好	
									崆岭群:角闪片岩,或黄岭花岗岩	

图3-1 三峡地区地层柱状图

(据赵锡文等,1983,修改)

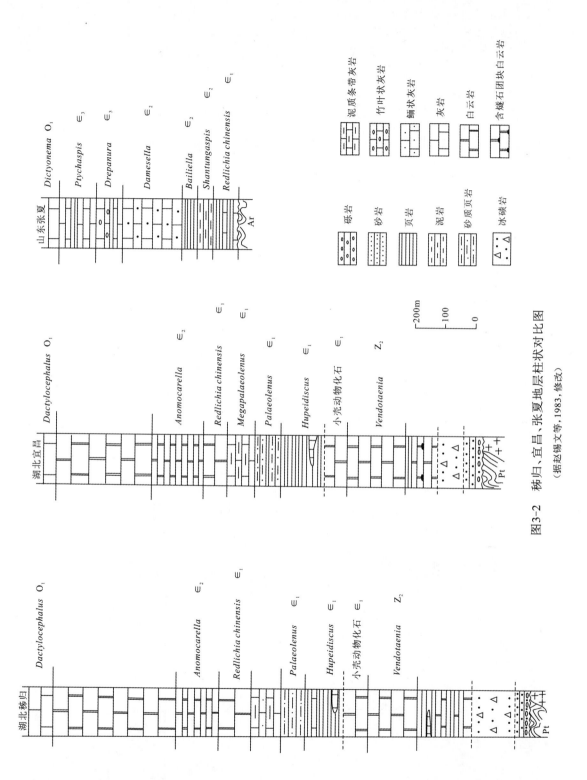

图3-2 秭归、宜昌、张夏地层柱状对比图

（据赵锡文等，1983，修改）

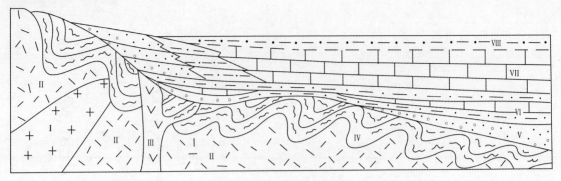

图3-3 ×××地区剖面图

(据全秋琦,王志平等,1990,补充修改)

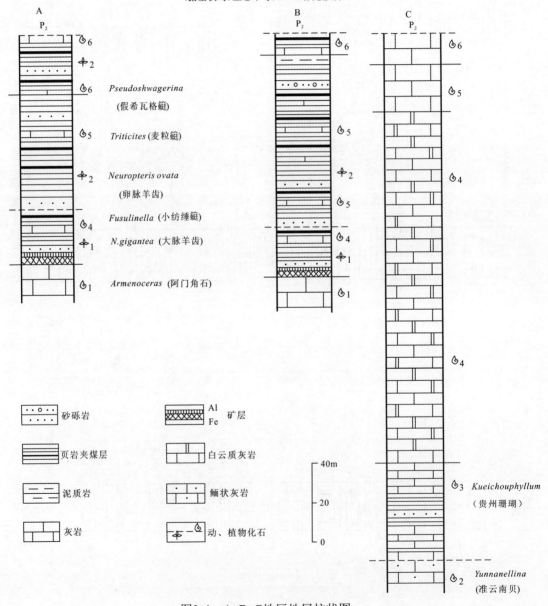

图3-4 A、B、C地区地层柱状图

(据赵锡文等,1983,修改)

实习四 地层划分对比、沉积相分析和沉积示意剖面图编绘

一、实习目的

本次实习为地层划分对比和沉积相分析的综合性实习。在地层划分对比和沉积相分析的基础上,理解掌握:岩石地层单位与年代地层单位的关系(穿时普遍性原理);沉积示意剖面图的编绘。

课前准备:铅笔,橡皮,A4幅面方格绘图纸1张,稿纸若干。

二、实习材料（剖面资料根据《中南地区区域地层对比表》,地质出版社,1974,简化）

1. 湖北省武昌地区

下石炭统:大塘阶

上泥盆统:五通组(D_3w)

灰白—棕黄色中层石英砂岩,偶夹有白色黏土岩。砂岩质纯、质地坚硬,底部通常有厚约3～9m的厚层砾岩。含植物化石碎片、腕足类化石。厚200m。

下伏地层志留系:纱帽组

2. 湖南省衡阳地区

下石炭统:岩关阶

上泥盆统:锡矿山组(D_3x)

上部为黄灰色、灰白色、灰绿色薄—中层石英砂岩、粉砂岩、砂质页岩。含腕足类化石、植物化石碎片。局部夹"宁乡式"鲕状赤铁矿1～2层。厚100m;中部为深灰色、黑色薄—中厚层泥灰岩、泥质灰岩夹灰岩,含腕足类化石,厚100m。下部为灰色、深灰色薄—中层灰岩,夹少量薄层泥灰岩,钙质页岩,富含腕足类化石。厚200m。

佘田桥组(D_3s)

灰黑色、深灰色薄—中层致密灰岩。富含腕足类化石,同时含 四射珊瑚、双壳类

和头足类化石。厚300m。

中泥盆统：棋子桥组（D_2q）

主要为深灰色、灰黑色薄-中层泥灰岩、钙质页岩，局部夹粉砂质泥岩和薄层灰岩、白云质灰岩。含腕足类、四射珊瑚、苔藓虫和层孔虫化石，厚400m。

跳马涧组（D_2t）

上部为黄白色、紫灰色中层细粒石英砂岩、粉砂岩夹砂质页岩，含鱼类、双壳类和植物化石；中部为紫红色、灰白色中层细粒石英砂岩，含鱼类、植物化石和少量头足类化石；下部灰白色中-厚层石英砾岩、含砾石英粗砂岩。厚150m。

下伏地层志留系：周家溪群（S_zh）

3.湖南省道县地区

下石炭统：岩关阶

上泥盆统：锡矿山组（D_3x）

上部为黄灰色薄-中层泥质灰岩，夹深灰色中层灰岩、粉砂岩。顶部夹铁质结核1层，腕足类化石发育，含头足类、双壳类、海百合茎等。厚200m；下部为深灰、灰黑色中-巨厚层灰岩。上部夹燧石结核，中部夹白云质灰岩团块，底部夹富含腕足类化石的疙瘩状泥质灰岩。厚200m。

佘田桥组（D_3s）

灰黑色、灰色厚-巨厚层致密灰岩，夹少量钙质页岩、团块状白云质灰岩。含腕足类化石，及少量四射珊瑚、层孔虫、海百合茎和头足类化石。厚300m。

中泥盆统：棋子桥组（D_2q）

上部为灰、深灰色巨厚层结晶白云岩、白云质灰岩、致密灰岩，富含四射珊瑚和层孔虫化石，含少量腕足类化石。厚300m；下部为深灰、灰色中厚层泥质灰岩，夹钙质页岩，富含腕足类化石，含少量四射珊瑚。厚200m。

跳马涧组（D_2t）

上部为黄白色、紫灰色中层细粒石英砂岩、粉砂岩夹砂质页岩，含豆状赤铁矿1~2层。厚200m；下部为含砾粗砂岩、中-细粒含铁质石英砂岩，夹砂质页岩，含植物化石、腕足类和鱼类化石。厚300m。

志留系：周家溪群（S_zh）

4.广西柳州地区

下石炭统:岩关阶

上泥盆统:融县组(D_3r)

灰色、灰白色中－厚层灰岩、白云岩、白云质灰岩。灰岩质地细密,常具鲕状结构,含少量腕足类化石。厚700m。

中泥盆统:东岗岭组(D_2d)

灰色、深灰色中厚层灰岩,夹中、薄层含泥质灰岩和泥灰岩。层孔虫化石多集结成蠕虫状构造。含腕足类、四射珊瑚和少量层孔虫、海百合茎化石。厚500m。

郁江组(D_2y)

上部为深灰色薄－中层状泥质灰岩和钙质页岩、黑色页岩。黑色页岩风化后呈黄绿、灰绿、灰黄、灰褐色,富含腕足类化石,含少量四射珊瑚和苔藓虫化石,厚200m;下部为浅灰色、灰绿色薄层泥岩、砂质泥岩、细粒石英砂岩,含腕足类化石,厚200m。

下泥盆统:那高岭组(D_1n)

杂色薄－中层状泥岩、砂质泥岩,夹细砂岩及粉砂岩。含腕足类化石,及少量双壳类化石。厚150m。

莲花山组(D_1l)

紫红色、黄灰色石英砂岩、细砂岩及粉砂岩。底部具紫红色中层砾岩或含砾粗砂岩。砾石成分主要为石英、石英岩,形态多呈浑圆状,砾径0.5～4cm之间,大者达10cm,胶结物为铁质、硅质。厚500m。

下伏地层:下奥陶统

5.广西南宁地区

下石炭统:岩关阶

上泥盆统:融县组(D_3r)

上部为浅灰色厚层块状灰岩、鲕状灰岩和花斑状灰岩;下部为浅灰色块状白云质灰岩和白云岩,含腕足类和腹足类化石。厚800m。

中泥盆统:东岗岭组(D_2d)

上部为灰色、深灰色块状细－微晶灰岩,具生物碎屑结构;中部为灰黑色中厚层微晶－隐晶灰岩,有时含泥质灰岩条带或页岩夹层,常见大量层孔虫聚集;下部为灰白色中厚层－块状白云质灰岩、白云岩,富含腕足类化石。厚900m。

郁江组（D_2y）

主要为黄绿、灰绿色薄-中层泥岩、泥灰岩、钙质泥岩。富含腕足类化石，含少量四射珊瑚、苔藓虫化石、介形虫、三叶虫化石，厚400m。

下泥盆统：那高岭组（D_1n）

主要为灰绿、灰黄色泥岩，夹砂质泥岩、粉砂质泥岩和钙质泥岩，以及灰岩透镜体。含双壳类、腕足类化石。厚150m。

莲花山组（D_1l）

上部为紫红色、灰白色厚层粉砂岩，夹细砂岩和中粒砂岩；中、下部为灰白色中-厚层含云母细砂岩，夹紫红色砂质泥岩；底部为肉红色厚层含砾粗砂岩和砾岩，含腕足类（舌形贝）、介形虫、鱼类和双壳类化石。厚400m。

下伏地层：下奥陶统

三、编图比例尺

1. 比例尺

编图时，A4绘图纸横放。水平比例尺：1∶4 000 000。剖面之间的参考距离，南宁—柳州：150km；柳州—道县：200km；道县—衡阳：200km；衡阳—武昌：450km。因此剖面总长度1 000km。

垂向比例尺：1∶20 000。

2. 作图步骤

（1）根据剖面距离，布置剖面位置。注意上方预留"图名"位置，下方预留"图例"位置。

（2）根据各剖面地层厚度，布置各剖面（顶端取水平线对齐）。

（3）对地层剖面开展沉积相分析。区分：滨海砂砾岩相、滨海砂岩相、浅海泥岩相、浅海泥灰岩相、浅水灰岩相。

（4）勾画沉积相轮廓线（相同沉积相的侧向相连）。

（5）根据图例，填充沉积相示意剖面。

（6）观察、分析、理解图中"岩石地层单位"、"年代地层单位"与沉积相的关系，并就相关内容作简单说明（400字以内）。

四、课后作业

地层剖面的沉积环境分析

地层剖面的沉积相和沉积环境分析是沉积古地理研究的基础,是一项复杂的工作,必须熟悉各种环境沉积的主要特征,充分利用各种成因标志资料进行综合分析,以便尽可能地得出较为可靠的判断和解释。在野外露头剖面相分析中要重点考虑地层中最直观、易收集的沉积环境标志,包括岩性特征、沉积构造、古生物标志等,同时还要注意运用瓦尔特相律,分析剖面的垂向序列。

1. 实习内容

识别××地区上古生界××组剖面的沉积环境。

2. 实习目的与要求

(1)掌握地层剖面沉积环境的分析方法。

(1)识别和总结所分析剖面的各种沉积相特征。

3. 资料和作业

(1)资料:图4-1××地区上古生界××组地层沉积剖面柱状图。

(2)作业:在剖面柱状图上分析沉积相和亚相,编写实习报告,要求阐明剖面涉及的各种环境的主要特征(即确定各种相、亚相、旋回性、沉积界面、沉积演化的依据)。

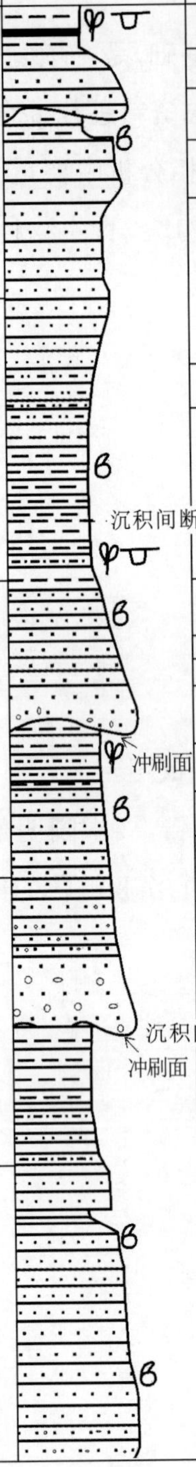

累积厚度(m)	柱状图	岩性描述	沉积构造	古生物特征	沉积相 亚相	沉积相 相
		炭质泥岩夹煤层		植物化石、潜穴		
		砂岩	槽状、板状交错层理			
		泥岩夹粉砂岩	水平层理	半咸水双壳类		
		中—细粒砂岩	槽状、板状交错层理			
20		由下向上,由粉砂岩—细砂岩—中砂岩	楔状交错层理,波状交错层理			
		粉砂岩	小型波状交错层理			
		粉砂质泥岩,泥岩	均匀层理(块状层理)水平层理	腕足类动物化石		
		灰黑色泥岩型夹粉砂岩	块状层理,水平层理	植物根痕、潜穴		
15		细砂岩夹粉砂岩	小型交错层理,爬升小型层理	淡水双壳类化石		
		砂岩	小型交错层理			
		砂岩	大型板状,槽状交错层理			
		含砾砂岩,粗砂岩	大型槽状交错层理,底部具冲刷面			
		炭质泥岩夹粉砂岩	块状层理,水平层理	植物化石		
		细砂岩	小型交错层理	淡水双壳类化石		
10		中—细粒砂岩	大型板状、楔状交错层理			
		含砾砂岩,砂岩	大型槽状、楔状交错层理,平行层理			
		砾岩,含砾粗砂岩	块状层理,底界具冲刷面	植物茎干化石		
		泥岩	均匀层理			
		泥岩,粉砂岩,偶夹薄层细砂岩	水平层理,泥裂			
5		砂岩和泥岩不等厚互层	脉状、透镜状及波状层理,小型板状交错层理	介壳化石碎片		
		中—粗粒砂岩,底部含细砾	大型板状交错层理,羽状交错层理	腕足类动物化石(破碎)		
0						

图4-1 ××地区上古生界××组地层沉积剖面柱状图

(据陈建强等,2004)

实习五　现代地理、地貌及历史大地构造分析

一、实习目的

(1)熟悉中国及世界地理概况、海陆分布、主要山川名称、位置、走向,为分论学习打基础。

(2)深入理解和掌握历史大地构造分析的内容和方法。

(3)掌握中国及世界构造分区概况。

(4)认识不同岩性组合与构造背景的关系。

二、实习内容

(1)阅读中国地形图,熟悉中国行政区划、各省相当位置、简称及重要城市;对照高原山区至深海底地势剖面图(图5-1)及太平洋海底地貌图;了解中国地形、剥蚀区与沉积区的地势及空间分布特征;熟悉中国主要河流、山系和大型盆地的名称、位置及延伸方向。将各省的简称和重要山脉名称填在空白地图上(图5-2)。

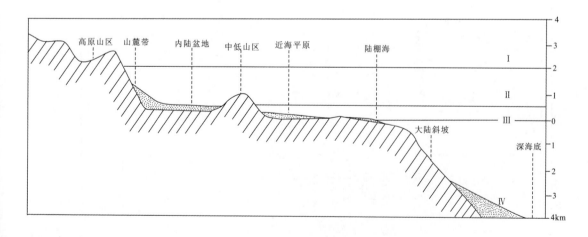

图5-1　高原山区至深海底地势剖面图

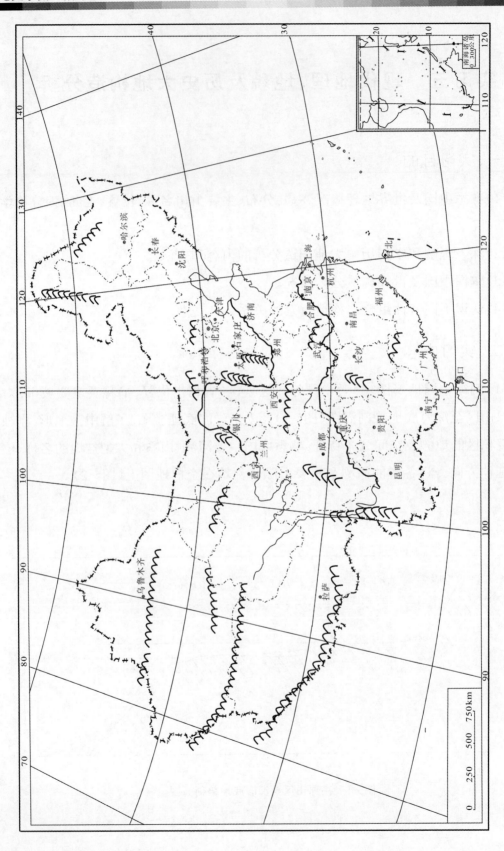

图5-2 中国行政区划和山脉走向示意图

(2) 阅读世界地形图,熟悉各大洲、大洋的名称及位置,了解气候、河流的分布及延伸方向。

(3) 对照三大洋海底地貌图了解大陆边缘的基本类型及特征。

被动大陆边缘,亦称大西洋大陆边缘(图5-3)。主要特征是位于板块内部,与大洋之间没有海沟和俯冲消减带,沉积大多属冒地槽式。

活动大陆边缘,亦称主动大陆边缘,包括两种类型:安第斯型(图5-4),具海沟、火山弧体系;西太平洋(图5-5),具海沟、火山岛弧、边缘海,简称沟、互盆体系。

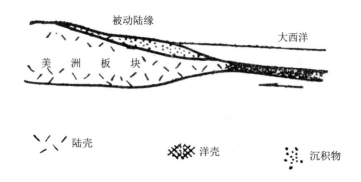

图5-3 大西洋大陆边缘示意图

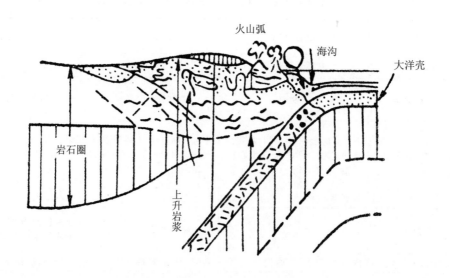

图5-4 安第斯型大陆边缘示意图

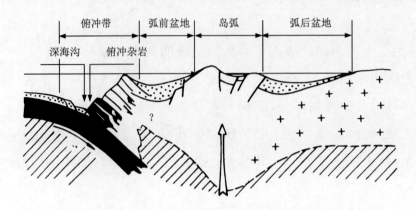

图5-5　西太平洋岛弧型活动大陆边缘示意图

（据Condie,1982）

三、作业

（1）认识不同大地构造环境的地层成分、结构和体态特征（表5-1）。

（2）对图5-6的剖面进行沉积组合类别的鉴别。

（3）阅读地形图及大地构造分区图，了解大地构造分区的原则，按此原则大陆地壳划分了哪些大地构造单元？它们在空间分布上有何特征（图5-7、图5-8）。

表5-1　不同大地构造环境的地层成分、结构和体态特征（据孟祥化,1982）

类型 特征	稳定型	次稳定型	非稳定型
基质含量	基质含量最低	基质含量较高	基质含量最高
石英含量	>90%	90%～65%	<65%或<15%
主要物质成分组合	石英岩砾岩、石英砂岩；稳定组分的泥岩（如高岭石黏土岩）、可燃有机岩（如孢子煤、树皮煤）	花岗岩砾岩、长石碎屑砂岩；次稳定组分的泥岩（如水云母黏土岩）、可燃有机岩	杂砾岩，杂砂岩，硬砂岩，火山碎屑岩屑砂岩，非稳定组分的泥岩、可燃有机岩
微量元素分配类型	规则型为主	过渡型为主	紊乱型为主
沉积旋回韵律	简单	复杂而节奏清晰	沉积旋回相当复杂，从节奏明显至无节奏
沉积体的几何形态	固有型，有板状、席状	条带、收缩体、移位体	移位体、扩张体
代表	克拉通盆地	裂谷盆地和张裂边缘盆地（被动边缘盆地）	洋中脊盆地、岛弧海沟盆地

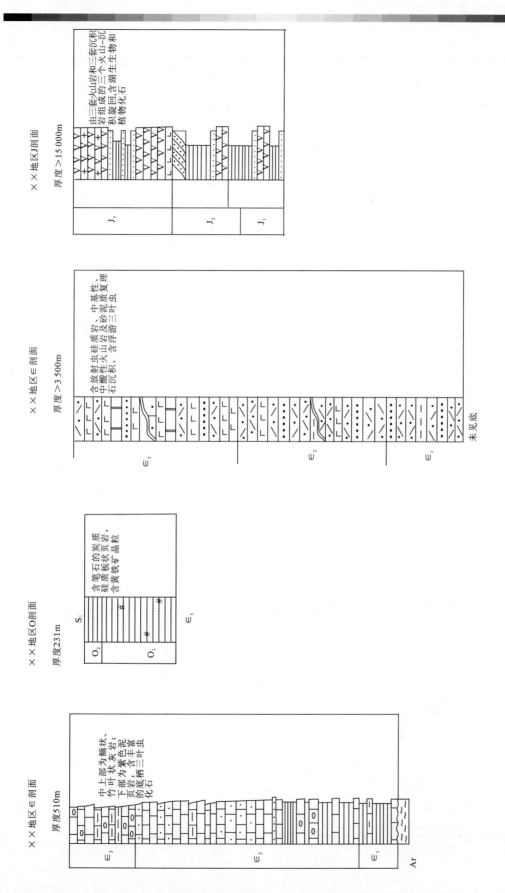

图5-6 几种沉积类型剖面

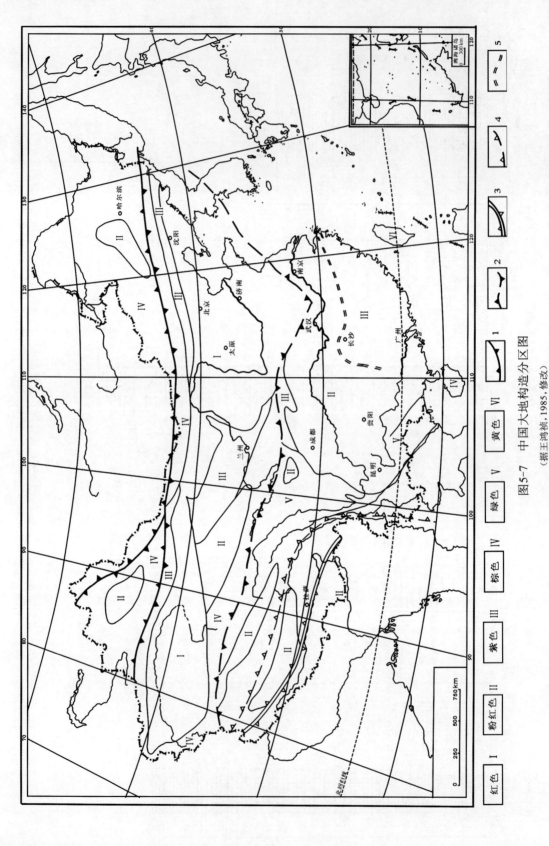

图 5-7 中国大地构造分区图
(据王鸿祯,1985,修改)

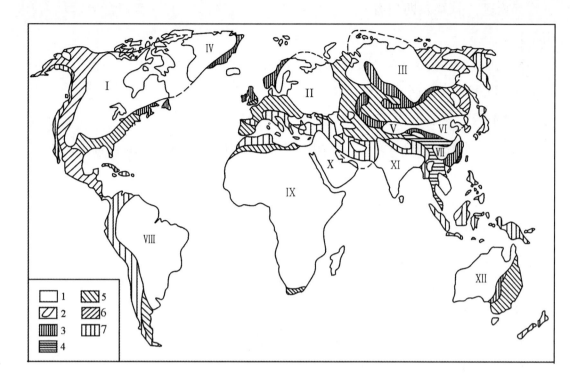

图5-8 全球板块划分

1.板块代号：Ⅰ.北美板块；Ⅱ.西伯利亚板块；Ⅳ.格陵兰板块；Ⅴ.塔里木板块；Ⅵ.中朝板块；Ⅶ.扬子板块；Ⅷ.南美板块；Ⅸ.非洲板块；Ⅹ.阿拉伯板块；Ⅺ.印度板块；Ⅻ.澳大利亚板块；2.板块边界（红色）；3.加里东褶皱带（紫色）；4.海西-印支期褶皱带（绿色）；5.海西期褶皱带（棕色）；6.老阿尔卑斯（燕山）期褶皱带（蓝色）；7.新阿尔卑斯（喜马拉雅）期褶皱带（黄色）

四、附录

1.中国部分

(1)中国各省简称及其行政归属。

东北区：黑（黑龙江省）、吉（吉林省）、辽（辽宁省）。

华北区：冀（河北省）、晋（山西省）、蒙（内蒙古自治区）、京（北京）、津（天津）。

华东区：鲁（山东省）、苏（江苏省）、浙（浙江省）、皖（安徽省）、赣（江西省）、闽（福建省）、台（台湾省）、沪（申）（上海）。

中南区：豫（河南省）、鄂（湖北省）、湘（湖南省）、桂（广西壮族自治区）、粤（广东省）、琼（海南省）、港（香港）、澳（澳门）。

西南区：川（蜀）（四川省）、黔（贵州省）、滇（云南省）、藏（西藏自治区）、渝（重庆市）。

西北区：陕（陕西省）、甘（陇）（甘肃省）、宁（宁夏回族自治区）、青（青海省）、新（新疆维吾尔自治区）。

(2)中国的主要山脉，其走向大致有三种类型。

近东西向：阴山山脉、秦岭、大别山、南岭、天山、祁连山、昆仑山、喜马拉雅山。

近北北东向：大兴安岭、太行山、吕梁山、雪峰山、龙门山。

近南北向：横断山脉、贺兰山。

(3)我国及亚洲东部主要地貌形态。

高原山区：青藏高原。

内陆盆地：塔里木盆地、柴达木盆地、准噶尔盆地、四川盆地、陕甘宁盆地（鄂尔多斯盆地）。

近海平原：松辽平原、华北平原、江汉平原。

陆表海：渤海。

陆棚海：黄海、东海。

火山岛弧海：日本、琉球列岛，台湾省及菲律宾群岛。

边缘海：日本海、东海东侧、南海大部。

海沟：日本海沟、马里亚纳海沟、菲律宾海沟。

(4)中国大地构造分区各单位名称。

大陆板块包括中朝板块、塔里木板块、扬子板块。

加里东期褶皱区（造山带）：东南加里东褶皱区、祁连－北秦岭加里东褶皱区。

海西期褶皱区（造山带）：天山阿尔泰海西褶皱区、兴蒙海西褶皱区、昆仑山海西褶皱区。

印支－燕山期褶皱区（造山带）：三江滇西印支褶皱区、秦岭印支褶皱区。

喜马拉雅期褶皱区（造山带）：喜马拉雅新生代褶皱区、台湾新生代褶皱区。

2.世界部分

(1)世界主要山系：乌拉尔山脉，阿尔泰山脉，萨彦岭，维尔霍扬斯克山脉（俄罗斯）；比利牛斯山（南欧）；阿特拉斯山（北非）；科迪勒拉山系－海岸山脉、内华达山脉、落基山脉、安第斯山脉（美洲西海岸）；阿巴拉契亚山脉（北美东海岸）。

(2) 主要河流：勒拿河、叶尼塞河、鄂毕河（俄罗斯），莱茵河（德国），尼罗河（埃及），恒河（印度），印度河（巴基斯坦），亚马孙河（巴西），密西西比河（美国）。

(3) 世界板块及各时期褶皱带（用不同颜色标示在世界地质构造图上）。

板块：俄罗斯板块、西伯利亚板块、中朝板块、塔里木板块、扬子板块、北美板块，南方冈瓦那板块（包括非洲、阿拉伯半岛、印度、澳洲西部、南美洲中东部、南极洲）。

加里东褶皱区：（早古生代褶皱带或造山带）阿巴拉契亚东段—格陵兰—英伦三岛—斯堪的纳维亚半岛（格罗平）加里东褶皱区、贝加尔—萨彦岭加里东褶皱区，中国东南加里东褶皱区、祁连加里东褶皱区，澳大利亚中部加里东褶皱区。

海西期（华力西期）褶皱区：（晚古生代褶皱带或造山带）西欧莱茵海西褶皱带（区），乌拉尔、中亚—哈萨克斯坦—中国天山—兴蒙海西褶皱区、昆仑山海西褶皱带，阿巴拉契亚海西褶皱带（区），澳洲东部塔斯马尼亚海西褶皱区，北非海西褶皱区、南非海西褶皱区。

印支—燕山期褶皱区：（中生代或老阿尔卑斯褶皱带或造山带）阿特拉斯山—比利牛斯山—阿尔卑斯山中生代褶皱带，中国横断山脉印支褶皱带及秦岭印支褶皱带，北美内华达—落基山脉中生代褶皱带，日本内带—菲律宾西部中生代褶皱带。

喜马拉雅期新生代褶皱区（新阿尔卑斯褶皱带或造山带）：喜马拉雅期新生代褶皱带，北美海岸山脉—南美安第斯山脉新生代褶皱带，日本外带—台湾—菲律宾—新生代褶皱带。

分论实习

实习六 中国南华纪、埃迪卡拉纪岩相古地理沉积示意剖面图的制作及岩相古地理图读图方法

一、实习目的及内容

(1) 阅读中国南华纪、埃迪卡拉纪古地理图,学会阅读岩相古地理图的方法。

(2) 切制华南地区晚震旦世沉积示意剖面图,掌握沉积示意剖面图的编制方法。

二、掌握古地理图的读图方法和沉积示意图的制作

古地理图读图步骤。

(1) 阅读图名和比例尺,了解该图所示的时空范围。

(2) 阅读图例,了解图内各种符号的含义。

(3) 区分沉积区与古陆剥蚀区,并了解其分布特征。

(4) 了解沉积区内各种沉积类型的分布规律及其构造古地理意义。

三、沉积示意剖面、海平面变化曲线编制方法

1. 沉积示意剖面编制方法

沉积示意剖面图一般是根据选定的剖面线方向在岩相古地理图上做图切剖面,参考剖面上不同地点的地层剖面资料编制而成。用以直观地标示某一地区某一时代的沉积特征,古地理和古构造特征在横向上的变化。其编制步骤如下。

(1) 在岩相古地理图上选择剖面线。剖面线一般应穿越图幅内各种有代表性的古地理、古构造单元。

(2) 确定垂直比例尺（水平比例尺是已知的）。垂直比例尺可与水平比例尺一致，也可放大或缩小，视具体情况而定，一般垂直比例尺应大于水平比例尺。

(3) 在绘图方格纸上画一条水平线作为基线，代表海平面。将海陆分界点、岩相分界点、沉积等厚线与剖面线交点依次投影到基线上，并在基线上方表明剖面起止点及所经过的主要地点。

(4) 根据岩相分析的结果，确定海水的大致深度（如滨浅海0～200m、半深海200～2 000m、深海>2 000m等），以水平基线为海平面画出海水深度变化曲线及古陆剥蚀地区地形变化曲线。

(5) 根据沉积等厚线或各地的地层厚度资料，以海水深度变化曲线（即沉积顶面曲线）为界画出沉积基盘变化曲线。

(6) 依据图例标注岩相花纹，相变界线用波浪线"~~~~~"表示。

2. 海平面变化曲线编制方法

海平面变化曲线编制往往在野外测剖面后，进入室内研究的基础上进行的。

(1) 首先根据岩性的沉积特征、生物特征，二者往往缺一不可，进行沉积环境的确定。

(2) 在沉积环境的确定基础上，环境变深就表示海平面上升，环境变浅就表示海平面下降。海水变深或变浅都可以在沉积、生物特征上留下深刻记录。

(3) 相对海平面变化曲线建立之后，就可以对该时期海平面变化曲线进行分析，是渐变的还是跳跃式的，以及控制这种海平面变化的因素。

四、作业

在华南地区晚震旦世岩相古地理图上切制沉积示意剖面图（图6-1），垂直比例尺用1∶20万或者说1∶10万。

阅读中国南华纪、埃迪卡拉纪典型地区地层柱状图（图6-2、图6-3），了解各纪地层发育特征，分析沉积环境。

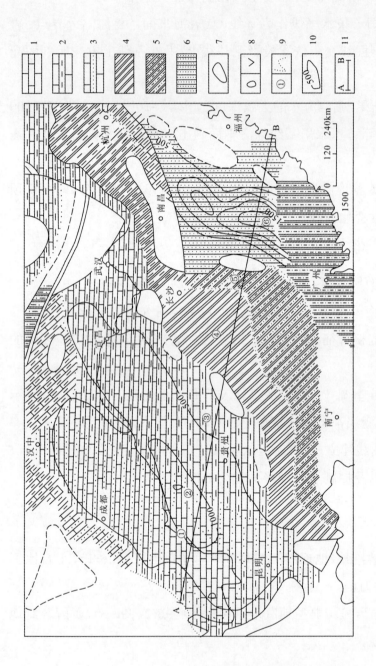

图6-1 华南地区埃迪卡拉纪岩相古地理图

海相稳定类型:1.浅海碳酸盐沉积;2.浅海泥质及碳酸盐沉积及碳酸盐沉积,海相过渡类型;3.滨浅海碎屑及碳酸盐沉积,海相活动类型;4.边缘海补偿硅质及炭质泥质沉积;5.边缘海碎屑泥质及硅质沉积;6.半深海含火山物质碎屑及泥质复理石沉积;7.古陆剥蚀区;8.左为膏盐沉积,右为火山岩;9.左为剖面位置,右为沉积类型界线;10.沉积等厚线;11.图切剖面位置

系	组	柱状图	岩性简述	化石	沉积相	相对海平面变化
寒武系	水井沱组	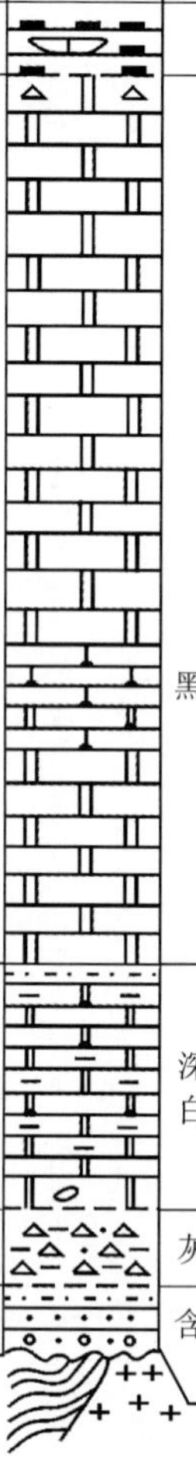	黑色炭质页岩夹灰岩			升　　降
震旦系	灯影组		含磷砾屑白云岩 浅灰色厚层白云岩 150m 100 50 0 黑色薄层灰岩含燧石结核 浅灰色厚层白云岩	最早期骨骼化石 （小壳动物） *Sinoubulites* （震旦虫管） *Vendotaenia*（文德带藻） *Charnia*（恰尼虫）		
	陡山沱组		深灰色硅质、泥质、炭质白云岩及燧石结核白云岩	钙质及硅质海绵骨针		
南华系	南沱组		灰绿、紫红色冰碛岩	*Laminarites antiquissimus* （古片藻）		
	莲沱组		含砾粗砂岩、砂岩及粉砂岩	*Trachysphaeridum* （粗面球形藻）		

图6-2　宜昌三峡南华纪及埃迪卡拉纪地层柱状图

37

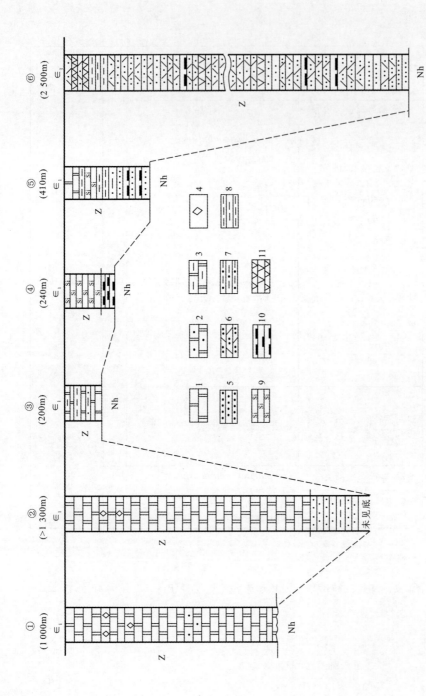

图6-3 华南地区埃迪卡拉纪地层柱状对比图

1.白云岩;2.砂质白云岩;3.泥质白云岩;4.膏盐沉积;5.砂岩;6.凝灰质砂岩;7.泥质粉砂岩;8.泥质岩;9.硅质岩;10.炭质页岩;11.火山岩

实习七　南华系、埃迪卡拉系、下古生界生物群面貌及代表性化石

一、实习目的

(1)结合寒武纪生物界面貌及地层柱状图(图7-1、图7-2、图7-3、图7-4),观察代表性化石标本,三叶虫是寒武纪继小壳动物后最早繁盛的带壳动物。寒武纪三叶虫属种繁多,演化迅速,生态分异明显,是寒武纪地层划分对比的重要依据。熟悉寒武纪生物群总貌及生物地层划分及寒武纪早期生物大爆发情况。

(2)参观埃迪卡拉系部分地层澄江生物群化石(图7-5、图7-6)。

(3)结合奥陶纪生物界图及奥陶纪地层柱状图(图7-7、图7-8、图7-9),观察奥陶纪代表性标准化石,熟悉奥陶纪生物群面貌及生物相。

(4)通过实习掌握志留纪重要标准化石及我国志留系标准剖面(图7-10、图7-11、图7-12),进一步理解生物相概念。

二、生物群面貌及代表性化石

1.寒武纪代表性化石

Redlichia(莱德利基虫),头鞍长,锥形,具2~3对鞍沟;眼叶长,新月形,靠近头鞍,内边缘极窄。面线前支与中轴成45°~90°夹角。胸节多,尾板极小(图7-1-1)。产地:亚洲、大洋洲、北非洲。时代:早寒武世。

Hupeidiscus(湖北盘虫)$\in_1$,头鞍窄,呈锥形,有两对横越头鞍的头鞍沟。颈环上有一显著颈刺或颈疣。眼脊明显,眼叶较长。内边缘下凹,外边缘窄而突起。胸部三节,轴环宽,肋沟深而宽。尾部半椭圆形,中轴粗壮,轴节上具疣,肋部不分节(图7-1-2)。

Palaeolenus(古油栉虫)$\in_1$,头部略作半圆形,头鞍长方形,或向前略扩大,四对头鞍沟。眼脊与眼叶相连甚长,后端延至头部后边缘沟。内边缘相当发育。固定颊较宽、平坦,活动颊窄,具短而粗壮的颊刺。尾部小,中轴宽(图7-1-3)。

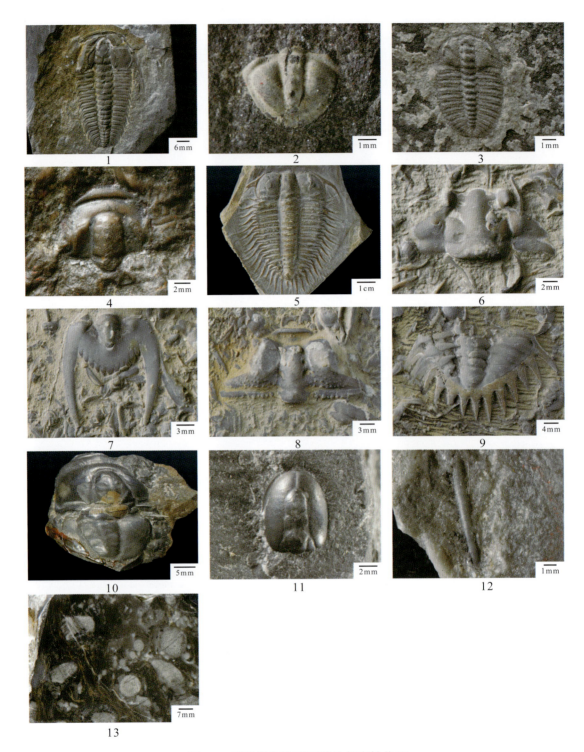

图7-1 寒武纪生物群面貌及代表性化石

1.*Redlichia*；2.*Hupeidiscus*；3.*Palaeolenus*；4.*Shantungaspis*；5.*Damesella*；6、7.*Drepanura*（头、尾）；8、9.*Balackwelderia*；10.*Bailiella*；11.*Pseudagnostus*；12.*Circotheca subcurvata*；13.*Ajacicyathus*

Shantungaspis（山东盾壳虫），头盖横宽，头鞍向前略收缩，具3对鞍沟；具颈刺；内边缘宽，前边缘沟深、宽；外边缘窄而凸，中部宽，向两侧变狭。眼叶中等大小，以平伸的眼脊与头鞍前侧相连，因而眼前翼与内边缘宽度一致（图7-1-4）。产地：华北及东北南部，毛庄组。时代：早寒武世晚期。

Damesella（德氏虫），头甲横宽，头鞍长，向前收缩，鞍沟短。无内边缘，外边缘宽，略上凸；眼叶中等大小，固定颊宽。尾轴逐渐向后收缩，末端浑圆，肋沟较间肋沟宽而深。边缘窄不显著，具长短不同的尾刺6～7对。壳面具瘤点（图7-1-5）。产地：东亚。时代：中寒武世晚期。

Drepanura（蝙蝠虫），头盖梯形，头鞍后部宽大，前部较窄，前端截切，前边缘极窄。眼叶小，位于头鞍相对位置的前部，并十分靠近头鞍，后侧翼成宽大的三角形。尾轴窄而短，末端变尖，尾部具一对强大的前肋刺，其间为锯齿状的次生刺（图7-1-6、图7-1-7）。产地：东亚。时代：晚寒武世早期。

Balackwelderia（蝴蝶虫）$\in_3$，头甲横宽，头鞍急速向前收缩，呈截锥形，最后一对鞍沟长，向后急斜，具深凹的内边缘和翘起的外边缘。眼叶中等大小，较凸起，尾轴长，锥形，末端突然收尖，边缘较明显，一般具七对尾刺（图7-1-8、图7-1-9）。

Pseudagnostus（假球接子）$\in_3$，头甲具中沟，头鞍前叶近似三角形。尾轴粗而短，前部背沟清楚，后部向后扩张并逐渐减弱。后侧一般存在，有时缺失（图7-1-11）。

Ajacicyathus（阿雅斯古杯）$\in$，杯体锥形或圆锥形，具外壁和内壁，但内壁孔较大，壁间只有带孔隔壁。复体形态呈链状。（图7-1-13）。

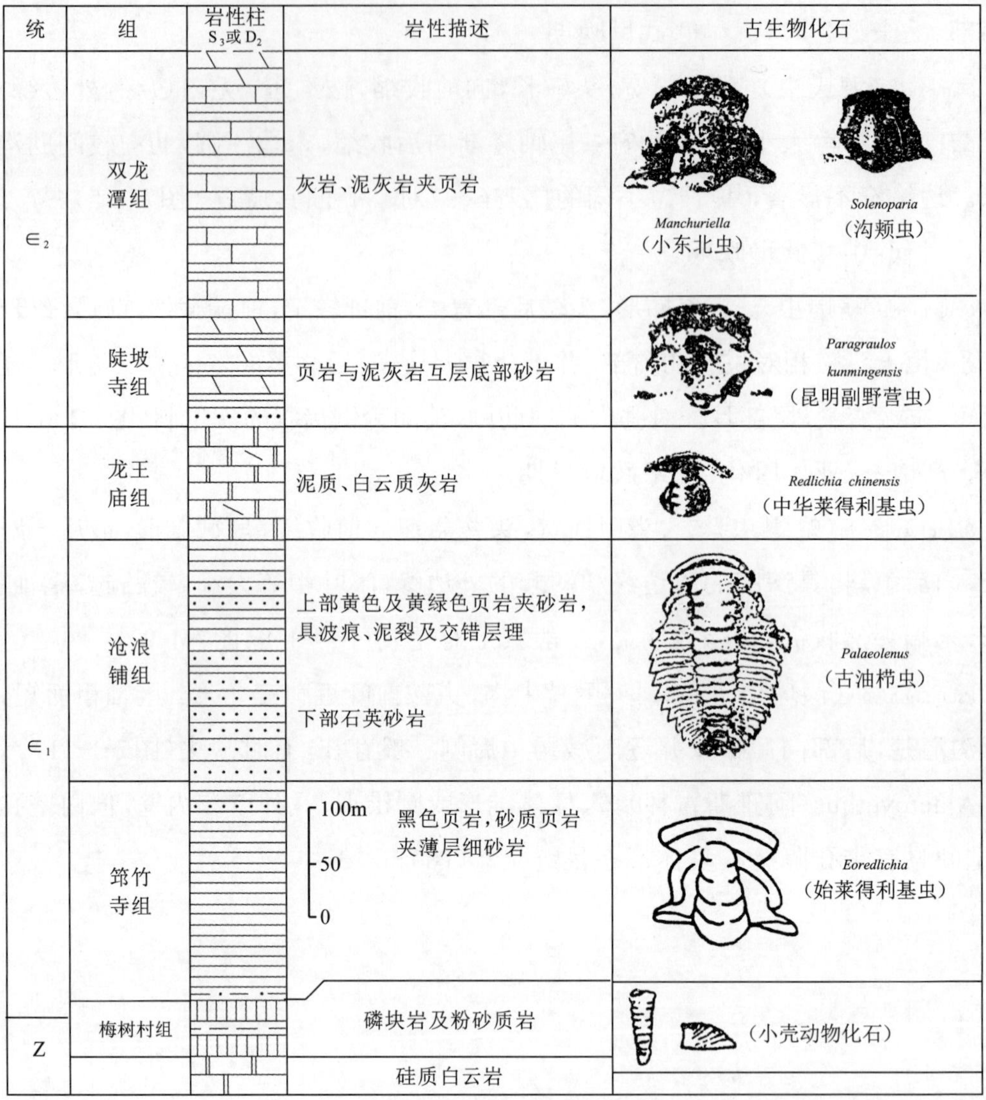

统	组	岩性柱 S_3或D_2	岩性描述	古生物化石
ϵ_2	双龙潭组		灰岩、泥灰岩夹页岩	*Manchuriella*（小东北虫） *Solenoparia*（沟颊虫）
	陡坡寺组		页岩与泥灰岩互层底部砂岩	*Paragraulos kunmingensis*（昆明副野营虫）
ϵ_1	龙王庙组		泥质、白云质灰岩	*Redlichia chinensis*（中华莱得利基虫）
	沧浪铺组		上部黄色及黄绿色页岩夹砂岩，具波痕、泥裂及交错层理 下部石英砂岩	*Palaeolenus*（古油栉虫）
	筇竹寺组		黑色页岩，砂质页岩夹薄层细砂岩 （100m, 50, 0）	*Eoredlichia*（始莱得利基虫）
Z	梅树村组		磷块岩及粉砂质岩 硅质白云岩	（小壳动物化石）

图7-2 滇东寒武纪地层柱状图

统	阶	组	岩性柱	岩性描述	古生物化石
$\in_3$	凤山阶	凤山组		纯灰岩及泥质灰岩（厚114m）	 *Ptychaspis*（褶盾虫） 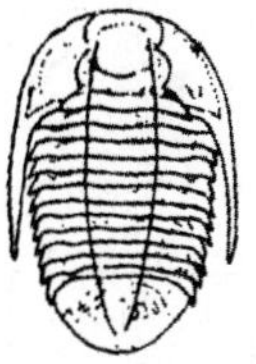　*Saukia*（索克虫）
	长山阶	长山组		竹叶状灰岩及灰岩（厚52m）	 *Changshania*（长山虫） 　*Kaolishania*（高里山虫）
	崮山阶	崮山组		钙质页岩及薄层泥灰岩（厚27m）	 *Blackwelderia*（蝴蝶虫） 　*Drepanura*（蝙蝠虫）
$\in_2$	张夏阶	张夏组		鲕状灰岩夹灰岩，具斜层理及波痕（厚170m）	 *Damesella*（德氏虫）
	徐庄阶	徐庄组		泥岩及薄层灰岩（厚50m）	 *Bailiella*（毕雷氏虫） 　*Sunaspis laevis*（孙氏盾壳虫）
	毛庄阶	毛庄组		紫红色泥岩及薄层灰岩，夹鲕状灰岩（厚32m）	 *Shantungaspis*（山东盾壳虫）
$\in_1$		馒头组		紫红色泥岩、页岩及薄层泥灰岩，含食盐假晶，底部硅质灰岩（厚57m）	 *Redlichia chinensis*（中华莱得利基虫）
			Ar		

图7-3　山东张夏寒武纪地层柱状图

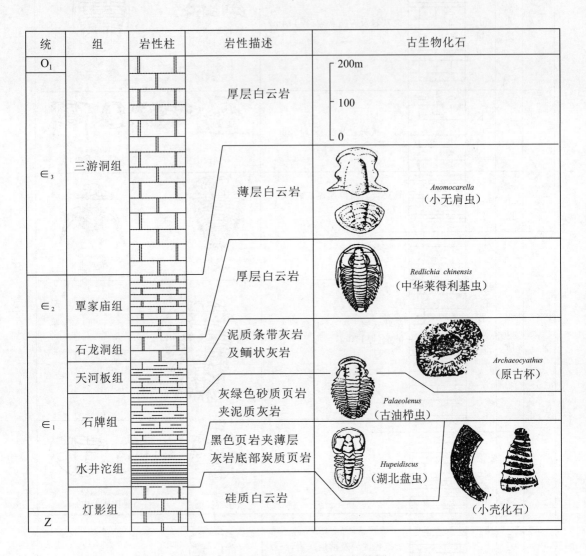

图7-4 宜昌峡东寒武纪地层柱状图

2. 澄江生物群陈列标本(馆藏)

图7-5 澄江生物群面貌

1. *Yunnanocephalus yunnanensis*(云南云南头虫);2. *Pomatrum ventralis*(圆口虫);3. *Haikouella lanceolata*(海口虫);4. *Cricocosmia jinningensis*(晋宁环饰蠕虫);5、6. *Leanchoilia illecebrosa*(迷人林乔尔虫);7. *Amplectobelua symbrachiata*(双肢抱怪虫);8. *Hyolitha*(软舌螺)*Heliomedusa orienta*(日射水母贝);9. *Lingulella chengjiangensis*(澄江小舌形贝);10. *Fuxianhuia protensa*(抚仙湖虫);11. *Stellostomites eumorphus*(真形星口水母钵);12. *Naraoia spinosa*(刺状娜罗虫)

Yunnanocephalus yunnanensis（云南云南头虫），头鞍切锥形，不甚显出。内边缘凹下，外边缘狭窄，略突出。固定颊极宽，活动颊小，无颊刺。胸部14节，中轴后部具有中疣。尾小，中轴分2～3节，肋部仅一节较清楚（图7-5-1）。

Pomatrum ventralis（圆口虫），圆口虫为单种属，分布于云南澄江和昆明海口下寒武统帽天山页岩。长7～10cm，最长可达20cm；身体由一短锥形的头区、膨大的胸和桨状腹三部分组成。胸区横断面为亚圆形。头部短小，3～4mm长，直径为2cm，后端以一收缩沟与胸区分界。胸长椭圆形，由5个体节组成，每节具1对鳃囊，背腹甲具鳍，胸区前端没有前突。腹部呈桨状，由7个互相叠套的骨片包裹。横断面圆形逐渐变为扁圆形，最后一个体节较宽，为半圆形。消化道为螺旋状（图7-5-2）。

Haikouella lanceolata（海口虫），主要分布于昆明海口一带下寒武统帽天山页岩内，营群居生活方式。虫体呈梭状，长2.5～3cm，最长达到4cm。前端具有很宽的腹部，常以背侧压或腹侧压方式保存。鳃腔之后的部分两侧扁平，大多为侧压方式保存。鳃腔由粗大的颚动脉，包括舌弓和迷走弓在内的6对鳃弓组成。咽刺小，位于第三对鳃弓附近。生殖腺4对，排列紧密，分布在第六和第七节前肠的两侧。原脊椎中间部分粗，两头细。身体由近直形的肌隔分为25个肌节（图7-5-3）。

Cricocosmia jinningensis（晋宁环饰蠕虫），虫体细长，圆柱状，长可达8cm，由内翻体和躯干所组成。内翻体短桶状，前边缘具1～2排呈横向排列较大弯钩状刺，刺尖向后方弯曲，内翻体其余部分具纵排的小刺。咽较长，由前后三部分所组成，中间为浅的收缩沟所分开。咽的近基部表面光滑，只有咽完全外展时才能看到，中部表面有不规则排列的小齿，远基部表面的咽齿呈斜向排列。躯干细长，圆柱状。表面具细密的横环，横环最多可达120个。每一环节具有1对鳞片状骨片，但躯干的前端例外，未发现骨片。这些骨片分布于躯干的两侧。末端具一对短的尾刺。消化道圆管状，前端具明显的咽（图7-5-4）。

Leanchoilia illecebrosa（迷人临蛄尔虫），虫体小（长1～3cm），细长，分为头和躯干两部分，末端具桨状的尾板。头甲短，前端尖窄；具2对带柄的眼睛，位于头部的前腹缘。螯肢由柄和螯所组成。柄短棒状，由两节所组成；螯由4节短的螯肢所组成，每一螯肢长出细长鞭状的长须。头部具3对口后双肢型附肢。躯干由11个背甲所组成，每一背甲具一对双肢型的附肢。外肢为叶状，周边为刚毛所环绕；内肢约由9节肢节所组成。尾板桨状，周边为刚毛所环绕（图7-5-5、图7-5-6）。

Amplectobelua symbrachiata（双肢抱怪虫），其身体扁平，体型较宽，呈流线形，头的背

前方具有一对带柄的巨眼；前附肢较小固着在口器两侧的前边缘，前附肢第4肢节有一对长刺。躯干两侧具有11对桨状叶。桨状叶具脉络状结构，尾扇由3对互相重叠的片状构造所组成，并有一对细长的尾叉由尾扇背中部向后伸出；口器呈圆环形，由32个外唇板所组成，可能不具内齿。与奇虾相似但体型较宽，前附肢较小，前附肢第4肢节有一对长刺（图7-5-7）。

Hyolitha（软舌螺），可能为软体动物绝灭了的一个分支，由一个角锥状壳，位于前端的口盖和一对前附肢所组成。壳边缘增生，呈两侧对称，扁平的一侧为腹部，腹部向前边缘突起。软舌螺在帽天山页岩十分常见，营群居性生活（图7-5-8）。

Heliomedusa orienta（日射水母贝），贝体呈圆状或卵状长约2cm，宽约1.6~2cm。活着时平卧在海底表面上，壳瓣双凸型；壳宽略大于壳长，长宽比大约0.95，壳长一般为5~22mm；壳后缘呈直线或略弯曲；壳背为全缘式生长，腹壳为混缘式；壳表有生长线与不明显的放散脊；壳体薄，矿化程度差，化石常有壳体软变形的现象；腹壳有壳喙，壳顶位于壳后边缘位置。没有肉茎孔，在此位置常见平坦或内凹状圆疤，显示壳体曾固着于硬底质生活；假铰合面低，高度小于0.2cm；背壳壳顶位于壳中央偏后的位置；壳内肌痕明显，卵型的中央主肌痕大而突出，有一对前侧肌痕；软躯体保存良好的化石标本，在几乎整个壳瓣的边缘均有短而细密的刚毛（图7-5-8）。

Lingulella chengjiangensis（澄江小舌形贝），贝壳小，三角形。壳表面具密集分布细的生长纹。胎壳呈圆形，腹壳假铰合面高，肉茎长一般为壳长的2~3倍，最长的可达15倍，表面具横皱纹。腹壳内有一呈盾形的肌痕区，顶肌痕呈心形，中央肌痕呈小三角形（图7-5-9）。

Fuxianhuia protensa（抚仙湖虫），主要分布于云南澄江、昆明海口和安宁一带下寒武统帽天山页岩。体长10cm以上，头部由视节和触须节所组成，视节具一对带短柄的眼睛，由两侧向外延伸。触须节具1对短棒状前附肢，由15个须节组成，由唇板前侧缘向前侧方延伸。躯干分为胸、腹和尾扇，以及1个尾刺。胸部由17个节所组成，背甲具宽的肋叶，肋叶的宽度向后逐渐变小。腹部由14个背甲和腹甲所组成（图7-5-10）。

Stellostomites eumorphus（真形星口水母钵），钵体柔软，扁盘形，背壳为辐射管所支撑，向上微微拱起，辐射管共88根，由螺旋囊背部向外辐射到达钵体的周边。囊状体是钵体的主体部分，顺时针旋转；消化腔位于囊状体的背部；液腔延钵体辐射方向延伸，分别到达钵体外周边和位于钵体中心的环形管。囊状体内侧有一封闭性的中央腔，腔壁表面呈脊状褶皱，钵腔内具环肌，位于盘体半径附近，在辐射撑管的腹部和

液腔的背部。腹表具辐射状排列管足状构造。触手冠构造(图7-5-11)。

Naraoia spinosa(刺状娜罗虫),背甲长椭圆形,分为头甲和躯干甲两部,头甲向后延伸披盖在躯干之上,形成很宽的重叠部,有利于弯卷。头甲半圆形,具一对后侧刺,与3对小型的侧刺。触须由口板前侧部向侧前延伸。口后附肢双肢型,共19对左右,其中头区4对,躯干部15对;外肢的外叶大,卵形,周边具刚毛(图7-5-12)。

3.埃迪卡拉系部分标本

Shaanxilithes:完整的个体,一般呈带状、不分枝,在层面上蜿蜒,粗细不均一,边缘不平整,虽有粗细变化,但横纹常呈同心状分布,类似叠层状构造。个体间可相互叠覆,但无明显穿插现象(图7-6)。

4.奥陶纪代表性化石

图7-6 蠕虫化石

Armenoceras(阿门角石)O_2-S_3,壳直,横切面卵形,膈壁较密。膈壁颈极短而外弯,

图7-7 奥陶纪生物群面貌及代表性化石

1. *Armenoceras*; 2. *Sinoceras chinensis*; 3. *Dactylocephalus*; 4、5. *Nankinolithus*; 6、7. *Eoisotelus*; 8. *Yangtzeella*; 9. *Hirnantia*; 10. *Dictyonema*; 11. *Didymograptus*; 12. *Nemagraptus*; 13. *Dicellograptus*

常与膈壁接触或成小的锐角。体管大,呈扁串珠形,环节珠发育,有时可看到内体管及放射管(图7-7-1)。时代:中奥陶世至晚志留世。

Sinoceras chinensis(中国震旦角石)O_2,壳直锥形,壳面有显著的波状横纹。体管细小,位于中央或微偏,膈壁颈较长,约为气室深度之半(图7-7-2)。时代:中奥陶世。

Dactylocephalus(指纹头虫)O_1,头鞍亚锥形,前端圆润,具有由长条形小积点组成的指纹状同心线。头鞍沟不十分清楚,后一对较清晰,向后倾斜。固定颊窄,眼叶位于后部,新月形。内边缘宽,微凸;外边缘窄而上挠。尾部中轴宽锥形,分节明显,边缘宽而平,后侧伸出一对三角形后侧刺,两刺之间边缘内凹(图7-7-3)。

Nankinolithus(南京三瘤虫),头甲强烈凸起,头鞍棒状,前部极凸,形成一个明显的假前叶节,具三对鞍沟,后两对较明显。颊叶无侧眼粒和眼脊,饰边分为一个凹陷的内边缘和一个略为凸起的颊边缘,内边缘有3行小陷孔分布在放射形陷坑之内,颊边缘的前部有放射状排列的小陷孔,侧部小陷孔排列不规则。尾甲横三角形,中轴狭,分节明显;肋叶有3对深的肋沟(图7-7-4、图7-7-5)。产地:我国南方。时代:晚奥陶世。

Eoisotelus(古等称虫),头鞍倒梨形,前部最宽,伸达前缘,眼叶间最窄。背沟宽而深。眼叶小,位于头鞍相对位置的后部。固定颊窄。面线前支在头鞍的前下方相遇。尾甲中轴狭长,背沟深而宽;肋部光滑,具下凹的边缘。产地:华北及东北南部(图7-7-6、图7-7-7)。时代:早奥陶世。

Yangtzeella(扬子贝)O_1,壳横方形,铰合线直,略短于壳宽;双凸,背壳凸度较强,腹中槽、背中褶显著;壳面光滑;腹基面高于背基面,三角孔洞开;腹壳内具匙形台(图7-7-8)。时代:早奥陶世。

Hirnantia(赫南特贝)O_3,贝体亚圆形至亚椭圆形,壳宽大于壳长,侧视双凸型,背壳凸度大,成年体的中隆及中槽不发育。壳线密,同心线多发育于体前部(图7-7-9)。

Dictyonema(网格笔石)O_1,营浮游生活,笔石枝为均分式,各枝近于平行,枝间有横耙相连,形成网格状。正胞管为简单直筒状(图7-7-10)。

Didymograptus(对笔石)O_{1-2},笔石体具两个笔石枝,不再分枝,两枝下垂至上斜。胞管直管状(图7-7-11)。时代:早、中奥陶世。

Nemagraptus(丝笔石)O_2,两个主枝细长而弯曲,有时作"S"形,主枝外弯的一侧生有次枝(从笔石主枝上的胞管管壁上长出的枝称为次枝),各枝间距离近等(图7-7-12)。时代:中奥陶世。

Dicellograptus(叉笔石),两枝上斜生长或互相交叉;胞管曲折,口部向内转曲,口穴

显著(图7-7-13)。时代:中、晚奥陶世。

5.志留纪代表性化石

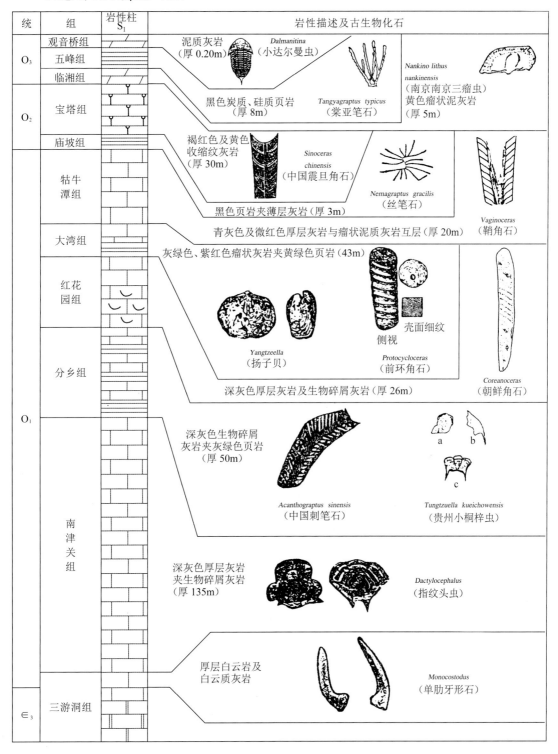

图7-8 宜昌三峡奥陶纪地层柱状图

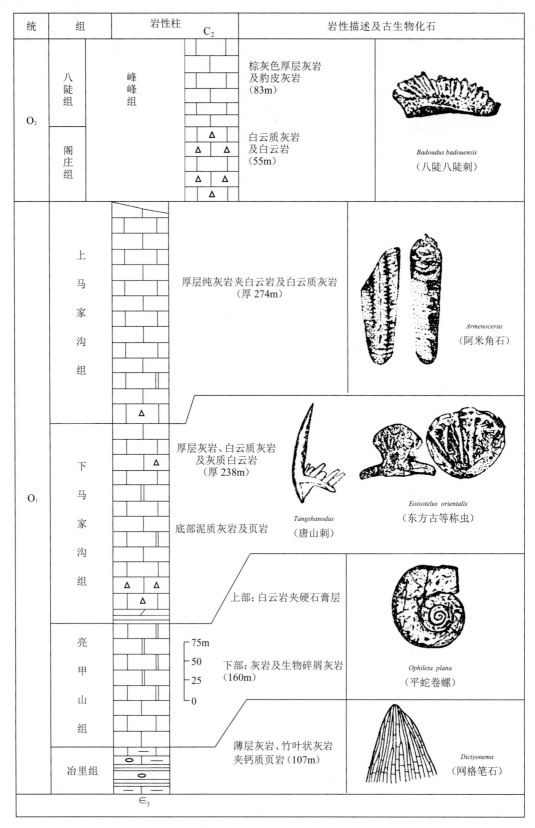

图7-9 华北地区奥陶纪地层综合柱状图

Rastrites（耙笔石）S_1，笔石体弯曲，钩形，非常纤细；胞管线形，孤立，没有掩盖，有向内弯曲的口部；共通沟通，胞管与轴近乎垂直相交（图7-10-1）。时代：早志留世。

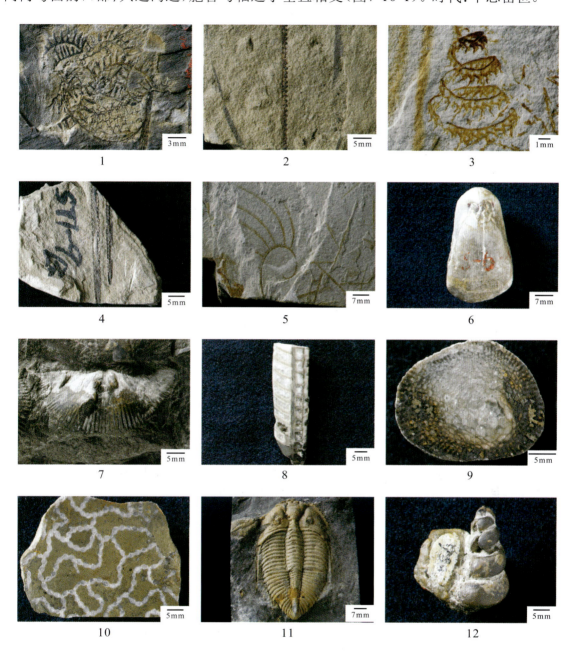

图7-10 志留纪生物群面貌及代表性化石

1.*Rastrites*；2.*Monograptus*；3.*Spirograptus*；4.*Glypotograptus*；5.*Cyrtograptus*；6.*Pentamerus*；7.*Tuvaella*；8.*Sichuanoceras*；9.*Cystiphyllum*；10.*Halysites*；11.*Coronocephalus*；12.*Hormotoma*

Monograptus（单笔石），笔石枝直或微弯曲；胞管口部向外弯曲，呈钩状（图7-10-2）。时代：早志留世至早泥盆世。

Spirograptus（螺旋笔石），笔石体由螺旋状卷曲的单枝组成，胞管外弯呈钩形，通常具口刺（图7-10-3）。时代：早志留世。

Glypotograptus（雕笔石）O_1—S_1，单枝双列，横切面为椭圆形；胞管腹缘呈波浪状，常呈尖锐的口尖（图7-10-4）。时代：早奥陶世至早志留世。

Cyrtograptus（弓笔石）S_{1-2}，笔石体螺旋形弯曲，具胞管幼枝，幼枝有两级或更高级，胞管常为三角形（图7-10-5）。

Pentamerus（五房贝）S，贝体大，轮廓长卵形或五边形，双凸。铰合线微弯，主端圆，腹喙弯肿，超掩背喙，腹铰合面缺失，具不明显的中槽中隆，壳面光滑或仅在前部具微弱的波状隆脊（图7-10-6）。

Tuvaella sp.（图瓦贝），体大，不等或近等双凸型；体横展，铰合线直长，主端尖伸，壳宽与壳长比为1:（1.5～2），个别的可超过2。腹喙小、近直伸，铰合面发育、近平坦、直倾型，三角孔被铰合窗双板覆盖。背壳凸，铰合面缺失。腹中隆及背中槽发育，均始于壳顶区。中隆后部呈窄脊状，前部宽缓，槽底呈V型；整个贝体中部较隆厚，边缘及耳翼附近扁薄。壳线多而简单，一般具48～60条，也有超过60条的，最多达65条，在前缘附近10毫米内具壳线10～12条，壳线间隙小于线宽。腹壳铰齿粗强，齿板缺失，筋痕面宽大。背内主突起强壮，双叶型，弯向背方并伸入腹壳顶腔内；具中膈脊，筋痕面深；腕螺指向背壳中部（图7-10-7）。

Sichuanoceras（四川角石）S_2，壳体为直角石式，横切面呈圆形或近圆形。缝合线近于平直，体管较粗，其直径约为壳径的1/3～1/4，位于壳的腹部近边缘，但未与壳壁相接触、膈壁颈短，略向后方弯曲，联结环向气室方向略膨胀，外壳表面具横纹（图7-10-8）。

Cystiphyllum（泡沫珊瑚），单体珊瑚，外形锥状或柱状。体内充满泡沫板。膈壁短刺状，发育于个体的周边部分及泡沫板上，泡沫板带与泡沫状横板带界线不清（图7-10-9）。时代：志留纪。

Halysites（链珊瑚）O_2—S_3，链状复体，个体呈圆柱状或椭圆柱状，彼此相连而成链状。个体间发育有中间管，横板完整而多，水平状。膈壁刺状（图7-10-10）。时代：中奥陶世—晚志留世。

Coronocephalus（王冠虫）S_2，头鞍前宽后窄，呈棒状，后面狭窄部分被3条深而宽的横

沟穿过。前颊类面线，活动颊边缘上有9个齿状瘤，头甲具粗瘤。尾甲长三角形。中轴窄，平凸，向后逐渐变窄，分为35～45节。肋部分节较少，由14～15个简单的无沟的肋节组成。背沟与间沟窄而深（图7-10-11）。产地：我国南方。时代：中志留世。

Hormotoma（链房螺）O—S，螺塔高，螺环多，切面凸圆，缝合线内凹，壳口窄，椭圆形。缺凹宽，裂带位于轴环中或下部，壳面具生长线（图7-10-12）。

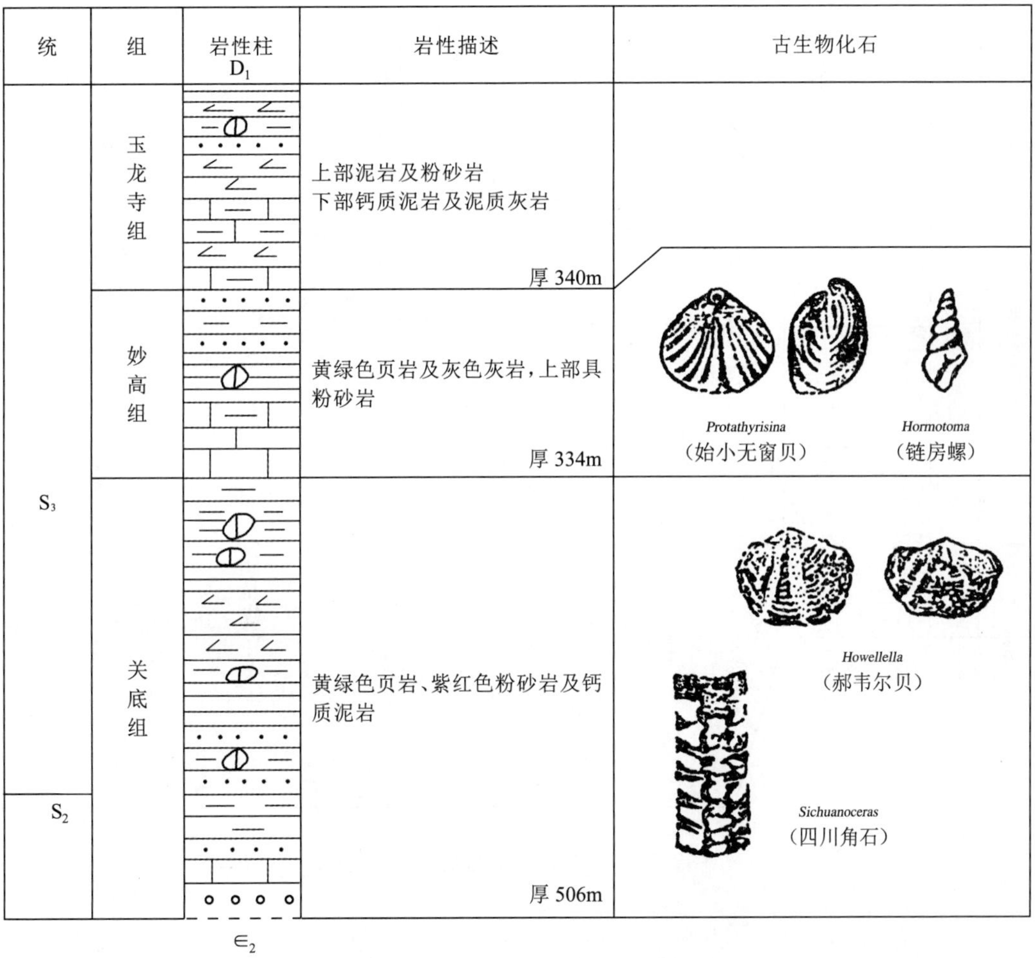

统	组	岩性柱	岩性描述	古生物化石
		D_1		
S_3	玉龙寺组		上部泥岩及粉砂岩 下部钙质泥岩及泥质灰岩 厚340m	
S_3	妙高组		黄绿色页岩及灰色灰岩，上部具粉砂岩 厚334m	*Protathyrisina*（始小无窗贝） *Hormotoma*（链房螺）
S_3	关底组		黄绿色页岩、紫红色粉砂岩及钙质泥岩 厚506m	*Howellella*（郝韦尔贝） *Sichuanoceras*（四川角石）
S_2		$\in_2$		

图7-11 滇东志留纪地层柱状图

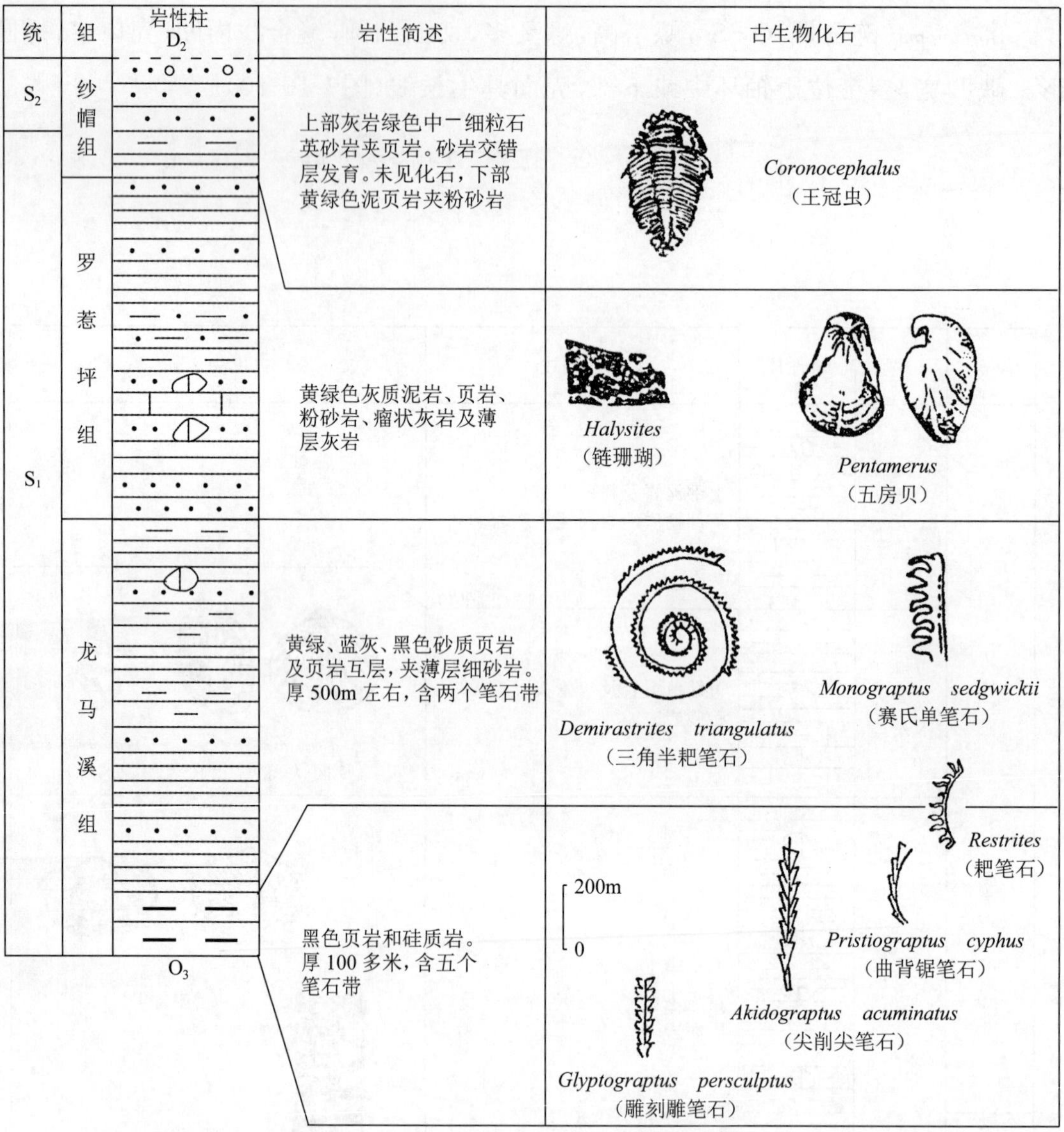

统	组	岩性柱 D$_2$	岩性简述	古生物化石
S$_2$	纱帽组		上部灰岩绿色中—细粒石英砂岩夹页岩。砂岩交错层发育。未见化石，下部黄绿色泥页岩夹粉砂岩	*Coronocephalus*（王冠虫）
S$_1$	罗惹坪组		黄绿色灰质泥岩、页岩、粉砂岩、瘤状灰岩及薄层灰岩	*Halysites*（链珊瑚） *Pentamerus*（五房贝）
S$_1$	龙马溪组		黄绿、蓝灰、黑色砂质页岩及页岩互层，夹薄层细砂岩。厚500m左右，含两个笔石带	*Demirastrites triangulatus*（三角半耙笔石） *Monograptus sedgwickii*（赛氏单笔石）
		O$_3$	黑色页岩和硅质岩。厚100多米，含五个笔石带	*Restrites*（耙笔石） *Pristiograptus cyphus*（曲背锯笔石） *Akidograptus acuminatus*（尖削尖笔石） *Glyptograptus persculptus*（雕刻雕笔石）

图7-12 湖北宜昌志留纪地层柱状图

实习八　南华系、埃迪卡拉系、下古生界地史特征及总结

一、实习目的和内容

1. 阅读中国南华纪、震旦纪、寒武纪、奥陶纪、志留纪典型地区地层柱状图(图6-2、图8-1~图8-5)，了解各纪地层发育特征，分析沉积环境。通过总结，掌握中国东部华北板块、扬子板块及其东南大陆边缘早古生代的地史特征。

2. 掌握古地理图的读图方法和沉积示意剖面图的制作。

(1)古地理图读图步骤。

① 阅读图名和比例尺，了解该图所示的时空范围。

② 阅读图例，了解图内各种符号的含义。

③ 区分沉积区与古陆剥蚀区，并了解其分布特征。

④ 了解沉积区内各种沉积类型的分布规律及其构造古地理意义。

(2)沉积示意剖面编制方法(见实习六)。

(3)阅读中国南华纪、震旦纪、寒武纪、奥陶纪、志留纪的岩相古地理图，了解各纪的沉积分布规律及地理格架。

(4)在华南地区晚震旦世岩相古地理图上切制沉积示意剖面图(图6-1)，垂直比例尺用1:20万或者说1:10万(见实习六)。宜昌三峡南华纪及埃迪卡拉纪地层柱状图见实习六(图6-2)。

二、思考题

(1)结合华南地区早寒武世不同类型的沉积特征、生物组合及构造古地理环境，说明补偿与非补偿的概念。

(2)从沉积特征、生物组合、岩浆活动及构造古地理等方面总结对比华北地区、扬子地区与东南活动区寒武纪的地史特征。

(3)对比华北地区、扬子区和东南区奥陶纪时在地壳的构造变动、沉积组合类型及沉积厚度等方面有何差异？

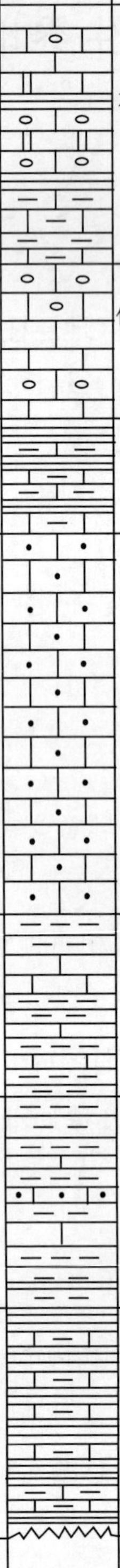

统	阶	组	岩性柱	岩性简述	古生物化石	沉积相	相对海平面变化 降 升
上寒武统	凤山阶	凤山组		灰岩及泥质灰岩	*Ptychaspis* （褶盾虫） *Saukia* （索克虫）		
	长山阶	长山组		竹叶状灰岩及灰岩	*Changshania* （长山虫） *Kaolishania* （高里山虫）		
	崮山阶	崮山组		钙质页岩及薄层泥灰岩	*Blackwelderia* （蝴蝶虫） *Drepanura* （蝙蝠虫）		
中寒武统	张夏阶	张夏组		鲕状灰岩夹灰岩，具交错层理及波痕	*Damesella* （德氏虫）		
	徐庄阶	徐庄组		泥岩及薄层灰岩	*Bailiella* （毕雷氏虫） *Sunaspis laevis* （孙氏盾壳虫）		
	毛庄阶	毛庄组		紫红色泥岩及薄层灰岩，夹鲕状灰岩	*Shantungaspis* （山东盾壳虫）		
下寒武统		馒头组		紫红色页岩夹薄层泥灰岩，含食盐假晶，底部硅质灰岩	*Redlichia chinensis* （中华莱得利基虫）		
			Ar				

图8-1　山东张夏寒武纪地层柱状图

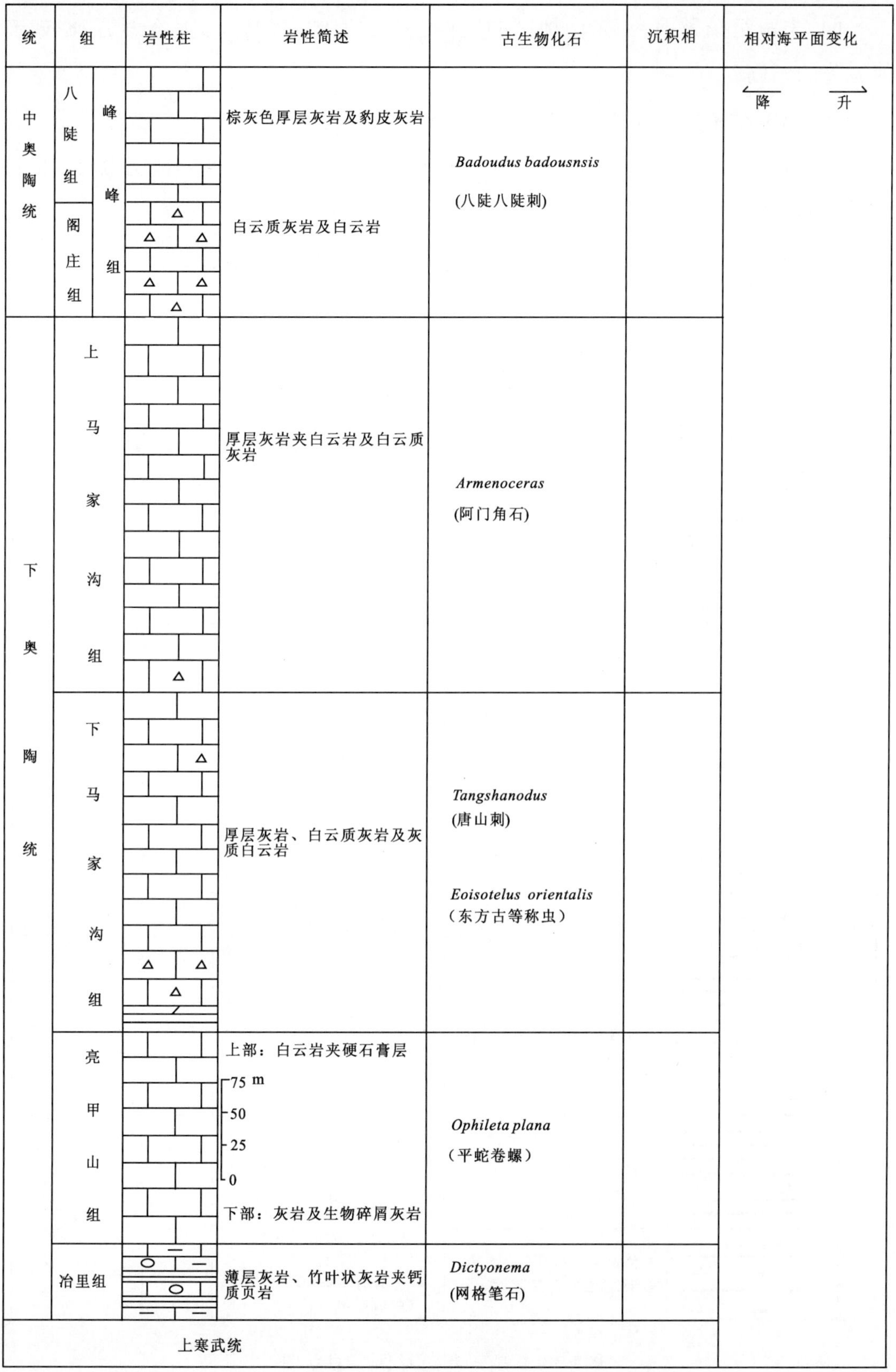

统	组	岩性柱	岩性简述	古生物化石	沉积相	相对海平面变化
中奥陶统	八陡组	峰峰组	棕灰色厚层灰岩及豹皮灰岩	*Badoudus badousnsis* (八陡八陡刺)		←降　升→
		阁庄组	白云质灰岩及白云岩			
下奥陶统	上马家沟组		厚层灰岩夹白云岩及白云质灰岩	*Armenoceras* (阿门角石)		
	下马家沟组		厚层灰岩、白云质灰岩及灰质白云岩	*Tangshanodus* (唐山刺) *Eoisotelus orientalis* (东方古等称虫)		
	亮甲山组		上部：白云岩夹硬石膏层 75 m 50 25 0 下部：灰岩及生物碎屑灰岩	*Ophileta plana* (平蛇卷螺)		
	冶里组		薄层灰岩、竹叶状灰岩夹钙质页岩	*Dictyonema* (网格笔石)		
上寒武统						

图8-2　华北奥陶纪地层柱状图

(4) 志留纪扬子地台、东南地区的沉积组合类型与寒武纪、奥陶纪地层比较,有何显著的不同?

(5) 志留纪末期华南地区构造格局有何重大变化?

(6) 试用沉积相-厚度分析法(补偿、非补偿的概念)分析宜昌志留纪地层剖面的地质发展史。

统	组	岩性柱	岩性简述	古生物化石	沉积相	相对海平面变化
中志留统	纱帽组		上部灰绿色中—细粒石英砂岩夹页岩。砂岩交错层发育。未见化石,下部黄绿色泥页岩夹粉砂岩	*Coronocephalus*(王冠虫)		升　降
下志留统	石屋子组		黄绿色泥岩、页岩和紫红色页岩互层			
	罗惹坪组		黄绿色灰质泥岩、页岩、粉砂岩、瘤状灰岩及薄层灰岩	*Halysites*(链珊瑚) *Pentamerus*(五房贝)		
	龙马溪组		黄绿、蓝灰、黑色砂质页岩及页岩互层,夹薄层细砂岩。厚500m左右,含两个笔石带	*Monograptus sedgwickii*(赛氏单笔石) *Demirastrites triangulatus*(三角半耙笔石)		
			黑色页岩和硅质岩,厚100多米,含5个笔石带	*Rastrites*(耙笔石) *Pristiograptus cyphus*(曲背锯笔石) *Akidograptus acuminatus*(尖削尖笔石) *Glyptograptus persculptus*(雕刻雕笔石)		

图8-3　宜昌三峡志留纪地层柱状图

统	组	岩性柱	岩性简述	古生物化石	沉积相	相对海平面变化
上奥陶统	观音桥层		泥质灰岩	*Dalmanitina*（小达尔曼虫）		降　　　升
	五峰组		黑色炭质、硅质页岩	*Tangyagraplus typicus*（棠亚笔石）		
	临湘组		黄色瘤状泥灰岩	*Nankinolithus nankinensis*（南京南京三瘤虫）		
中奥陶统	宝塔组		褐红色及黄色收缩纹灰岩	*Sinoceras chinensis*（中国震旦角石）		
	庙坡组		黑色页岩夹薄层灰岩	*Nemagraptus gracilis*（丝笔石）		
下奥陶统	牯牛潭组		青灰色及微红色厚层灰岩与瘤状泥质灰岩互层	*Vaginoceras*（鞘角石）		
	大湾组		灰绿色、紫红色瘤状灰岩夹黄绿色页岩	*Yangtzeella*（扬子贝）*Protocycloceras*（前环角石）		
	红花园组		深灰色厚层灰岩及生物碎屑灰岩	*Coreanoceras*（朝鲜角石）		
	分乡组		深灰色生物碎屑灰岩夹灰绿色页岩	*Acanthograptus sinensis*（中国刺笔石）*Tungtzuella kucichowensis*（贵州小桐梓虫）		
	南津关组		深灰色厚层灰岩夹生物碎屑灰岩　25m　0	*Dactylocephalus*（指纹头虫）		
上寒武统	西陵峡组		厚层白云岩及白云质灰岩	*Monocostodus*（单肋牙形石）		
	三游洞组					

图8-4　宜昌三峡奥陶纪地层柱状图

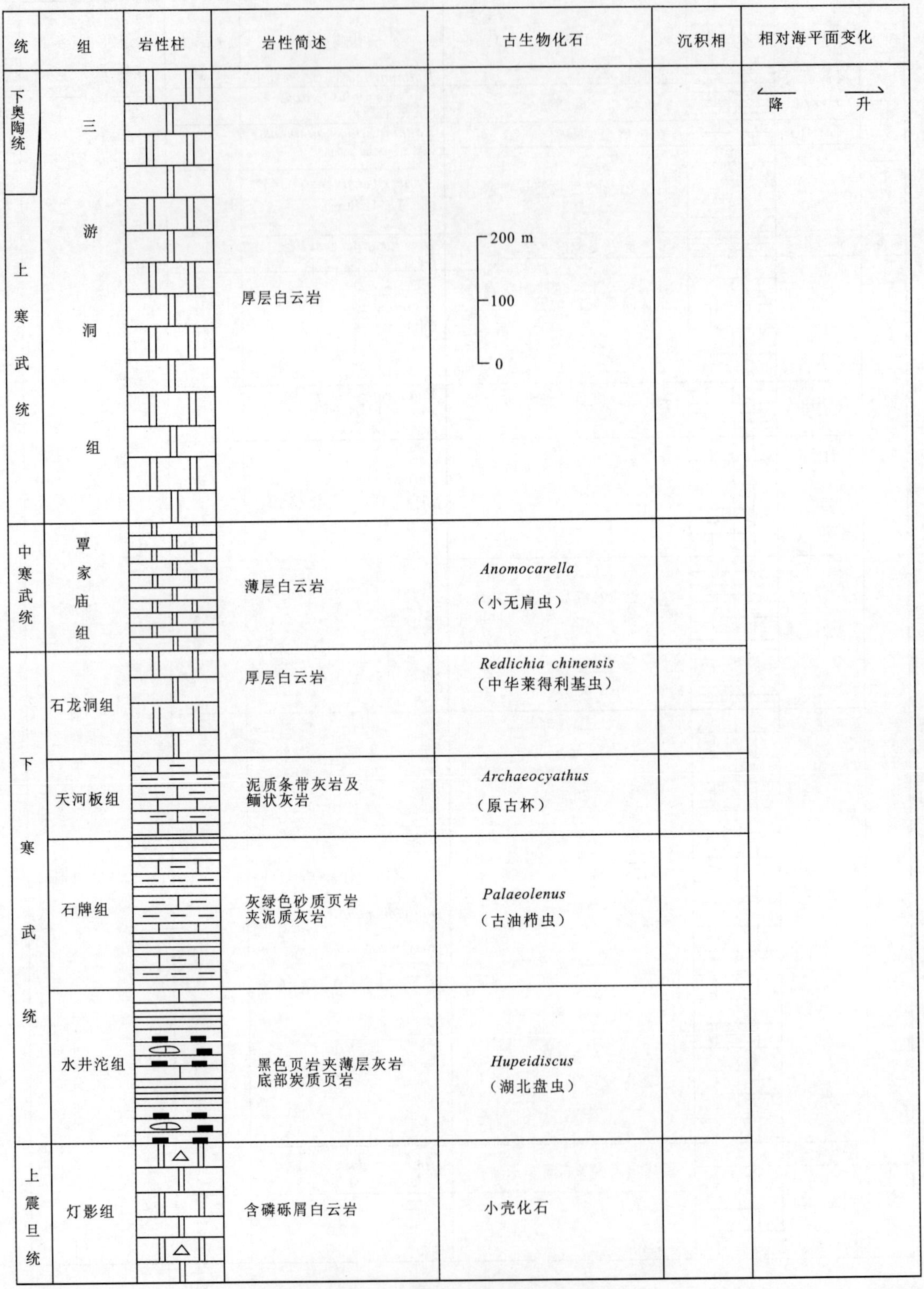

统	组	岩性柱	岩性简述	古生物化石	沉积相	相对海平面变化
下奥陶统	三游洞组		厚层白云岩			降　升
上寒武统						
中寒武统	覃家庙组		薄层白云岩	*Anomocarella*（小无肩虫）		
下寒武统	石龙洞组		厚层白云岩	*Redlichia chinensis*（中华莱得利基虫）		
	天河板组		泥质条带灰岩及鲕状灰岩	*Archaeocyathus*（原古杯）		
	石牌组		灰绿色砂质页岩夹泥质灰岩	*Palaeolenus*（古油栉虫）		
	水井沱组		黑色页岩夹薄层灰岩底部炭质页岩	*Hupeidiscus*（湖北盘虫）		
上震旦统	灯影组		含磷砾屑白云岩	小壳化石		

图8-5　宜昌三峡寒武纪地层柱状图

三、作业

（1）参照华南地区震旦纪地层柱状对比图（图6-3），在华南地区震旦纪岩相古地理图（图6-1）上切制沉积示意剖面图，垂直比例尺用1∶20万或1∶10万。

（2）奥陶纪有哪些主要的生物相？举例说明。峡东地区下奥陶统分乡组和大湾组均含有笔石，它们是笔石页岩相吗？

（3）完成中国东部华北板块、扬子板块及其东南大陆边缘早古生代的沉积特征总结表。内容包括：地层发育序列，接触关系，地层厚度，生物相（壳相、浮游相）及生物分区，矿产等资料（表8-1）。

表8-1 华北板块、扬子板块及其东南大陆边缘早古生代的沉积特征总结表

		华北板块	扬子板块	扬子板块东南边缘
S	S_3			
	S_2			
	S_1			
O	O_3			
	O_2			
	O_1			
∈	$∈_3$			
	$∈_2$			
	$∈_1$			

实习九　上古生界生物群面貌及代表性化石

一、实习目的

(1) 观察泥盆纪代表性化石标本,掌握泥盆纪生物面貌和重要标准化石。注意南方弓石燕和北方志留纪图瓦贝(图9-1、图9-2)的基本构造以及大地构造背景的区分。

(2) 读桂中泥盆纪地层柱状剖面图,掌握地层发育特征及代表化石(图9-3、图9-4)。

图9-1　弓石燕　　　　　　　　　　　图9-2　图瓦贝

(3) 观察石炭纪代表性化石标本,掌握石炭纪生物群面貌及重要标准化石(图9-5)。

(4) 读黔南及山西太原石炭纪地层柱状剖面图(图9-6、图9-7),了解华南及华北石炭纪地层发育特征及其代表性化石。

(5) 了解华南、华北地区二叠纪地层发育特征,掌握二叠纪重要标准化石(图9-8、图9-9、图9-10)。

二、生物群面貌及代表性化石

1.泥盆纪代表性化石

Euryspirifer(阔石燕)D_1,贝体大或中等。强烈横展,主端尖突,铰合线直并代表壳体最大宽度。两壳凸度近等,中槽及中隆深强而宽阔,无褶饰。侧区有许多强而细

图9-3 泥盆纪生物群面貌及代表性化石

1.*Euryspirifer*；2.*Dicoelostrophia*；3.*Stringocephalus*；4.*Cyrtospirifer*；5.*Yunnanellina*；6.*Calceola*；7.*Hexagonaria*；8.*Manticoceras*；9.*Bothriolepis*；10.*Leptophloeum*

的壳褶。同心层细密,具细刺瘤(图9-3-1)。时代:早泥盆世。

Dicoelostrophia(双腹扭形贝),贝体中等大小,铰合线长直,体腔薄,凸凹型。两壳沿纵中线均具深槽,使前缘强烈凹陷。壳纹细密,作分枝式增加(图9-3-2)。时代:早泥盆世。

Stringocephalus(鸮头贝)D_2,壳大,近圆形,双凸,腹壳凸度稍高;铰合线短弯,具三角双板,顶端具卵形的肉茎孔;壳面光滑;腹壳内具高大的中板,背壳内具叉形的高长主突起,背中板短,腕环宽长(图9-3-3)。时代:中泥盆世。

Cyrtospirifer(弓石燕)D_3,壳中等大小,双凸,横长方形,铰合线等于或稍大于壳宽。基面宽广,斜倾型。中槽、中褶纵贯全壳。全壳覆有放射线;牙板发育(图9-3-4)。时代:晚泥盆世。

Yunnanellina(云南贝),壳近三角形,双凸,腹壳缓凸;壳喙弯,顶端为茎孔所截切。铰合线弯短,腹中槽和背中褶发育;壳面具棱形放射线,在前端放射线融合组成粗大的放射褶。时代:晚泥盆世。

Yunnanellina(准云南贝)D_3,壳体轮廓为不规则的三角形。腹壳凸度较缓,无铰合面,腹喙小而弯曲,具小而圆的茎孔。中槽中隆发育,中槽前端形成长舌状延伸。壳面具多次分枝、细密而平坦的壳纹。前部具独立发育而成的粗壮壳褶,褶顶平圆(图9-3-5)。时代:晚泥盆世。

Calceola(拖鞋珊瑚)D_{1-2},单体拖鞋状,一面平坦,一面拱形。具半圆形萼盖。膈壁为短脊状,位于平面中央的对膈壁凸出。体内全为钙质充填,少数具稀疏上拱的泡沫鳞板(图9-3-6)。时代:早—中泥盆世。

Hexagonaria(六方珊瑚)D_{2-3},复体块状,个体多角柱状。一级膈壁伸达中央,横板分化为轴部与边部,轴部横板近平或微凸(图9-3-7)。时代:中—晚泥盆世。

Manticoceras(尖棱菊石)D_3,壳半外卷至内卷,呈扁饼状。腹部由穹圆形到尖棱状。表面饰有弓形的生长线纹。缝合线由一个宽的三分的腹叶、一对侧叶、一对内侧叶及一个"V"形的背叶组成(图9-3-8)。时代:晚泥盆世。

Bothriolepis(沟鳞鱼)D_{1-2},盾皮鱼类,头及身体前部包有甲片,身体后部及尾裸露无鳞。具二背鳍,尾歪形。我国所找到的化石多数是身体前部的骨板,骨板外表分布有蠕虫状突起,且彼此排列成网状(图9-3-9)。

Leptophloeum(薄皮木)D_3,乔木状,二歧式分枝。叶座较大,菱形,螺旋排列,其中中部或上部有一纵卵形小叶痕,叶痕中央有一维管束痕(图9-3-10)。

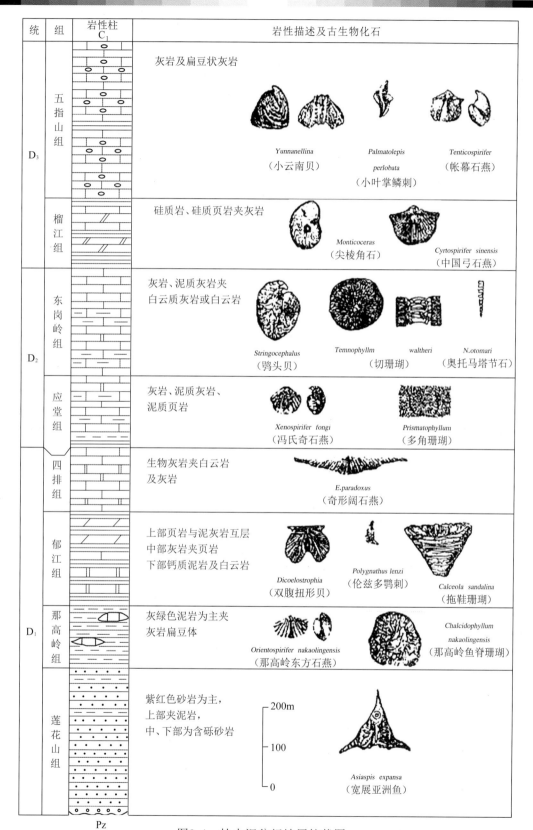

图9-4 桂中泥盆纪地层柱状图

2. 石炭纪代表性化石

图9-5 石炭纪生物群面貌及代表性化石

1.*Cystophrentis*；2、3.*Pseudouralina*；4.*Thysanophyllum*；5.*Yuanophyllum*；6、7.*Kueichouphyllum*；8.*Gigantoproductus*；9.*Choristites*；10.*Fusulinella*；11.*Pseudoschwagerina*；12.*Triticites*；13.*Neuropteris*；14.*Lepidodendron*；15.*Argaropferidium*

Cystophrentis（泡沫内沟珊瑚）D_3，单体双带型，个体小至中等，弯锥状。主内沟显著，位于珊瑚体凸侧。幼年及青年期膈壁呈羽状排列，成年期膈壁退缩。主部膈壁短，呈羽状排列，且显著加厚，对部膈壁细长。边缘泡沫板发育，模板泡沫状，与鳞板带界线不清（图9-5-1）。

Pseudouralina（假乌拉珊瑚）C_1，单体中等或大型锥柱状珊瑚。对部膈壁细长，常超过中心，主部膈壁短而粗。主内沟位于个体凸面，横板不完整，呈倾斜状，边缘泡沫带发育，泡沫鳞板外缘小，内缘大（图9-5-2、图9-5-3）。

Thysanophyllum（泡沫柱珊瑚）C_1，群体三带型，丛状或多角状复体，有边缘泡沫带，泡沫板较大，1～2排。中轴不稳定，当其不发育时横板变为水平；具中轴时，横板面向上拱（图9-5-4）。

Yuanophyllum（袁氏珊瑚）C_1，单体，弯锥状。膈壁长，常达中心，主部区其内端加厚明显，二级膈壁短。鳞板小，在横切面上呈"人"字形。横板短小，呈泡沫状向中轴上升。青年期中轴粗壮，至成年期中轴变薄而弯曲，与对膈壁相连（图9-5-5）。

Kueichouphyllum（贵州珊瑚）C_1，大型单体，弯锥柱状。一级膈壁数多，长达中心；二级膈壁长为一级的1/3～2/3。主内沟明显。鳞板带宽，鳞板呈同心状。横板不完整，向轴部升起（图9-5-6、图9-5-7）。时代：早石炭世。

Gigantoproductus（大长身贝）C_1，壳体巨大，轮廓近圆形。铰合线直，等于壳宽。腹瓣高凸，背瓣深凹。耳翼大，仅腹壳具不完整的铰合面。壳面具放射线，后部具微弱的同心皱，在耳翼附近较明显。腹壳具少数壳刺（图9-5-8）。

Choristites（分喙石燕）C_2，壳体中等，近方圆形，双凸。铰合线长，等于或短于壳宽，主端方钝。喙部弯曲，基面高大。壳面具清晰的放射线。中槽中褶低浅，壳线平圆，间隙窄，作分叉式增多。腹瓣内齿板长（图9-5-9）。

Fusulinella（小纺锤蜓），壳小至中等，纺锤形。旋壁由致密层、透明层及内、外疏松层四层组成。膈壁两端褶皱。旋脊发育（图9-5-10）。时代：晚石炭世。

Triticites（麦粒蜓）C_2，壳小到大，粗纺锤形到纺锤形。壳圈可多达10个。旋壁由致密层及蜂巢层组成。膈壁中部平，两端褶皱，有时可达侧坡。旋脊发育（图9-5-12）。

Neuropteris（脉羊齿）C_2，小羽片舌形、长椭圆形、卵形或略呈镰刀形，全缘，顶端略尖或圆，基部心形。羽状叶脉，中脉明显，延长到全长的1/2或1/3处就分散，侧脉以狭角分叉一至数次（图9-5-13）。

Lepidodendron（鳞木）C—P，乔木高可达30m，直径2m，具宽大的多数二歧分枝的树

冠。茎上具螺旋形排列的叶座,叶座呈纵菱形或纺锤形。叶痕为横菱形或斜方形,中央有一很小的维管束痕,其两侧各有一个通气道痕,紧贴着叶痕上面有一很小的叶舌(图9-5-14)。

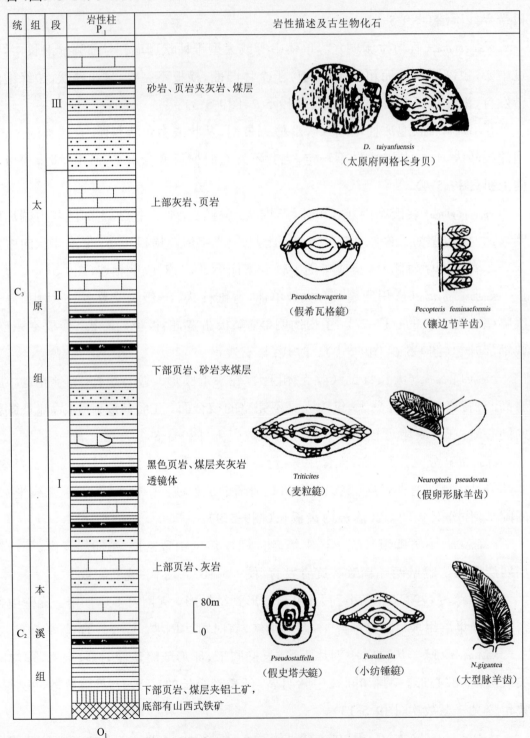

图9-6 山西太原石炭纪地层柱状图

(据赵锡文等,1983,修改)

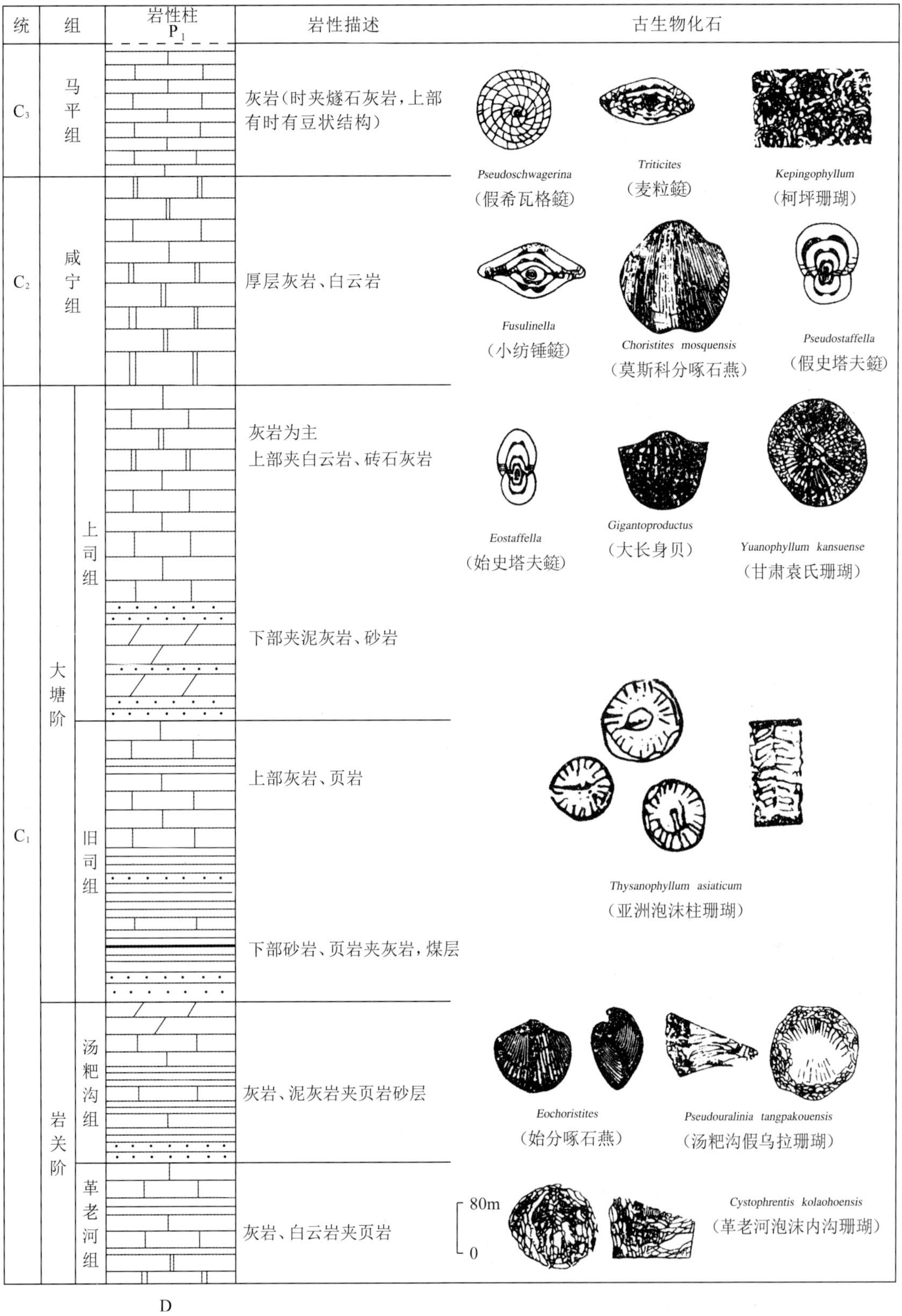

统	组	岩性柱 P_1	岩性描述	古生物化石
C_3	马平组		灰岩（时夹燧石灰岩，上部有时有豆状结构）	*Pseudoschwagerina*（假希瓦格䗴） *Triticites*（麦粒䗴） *Kepingophyllum*（柯坪珊瑚）
C_2	咸宁组		厚层灰岩、白云岩	*Fusulinella*（小纺锤䗴） *Choristites mosquensis*（莫斯科分啄石燕） *Pseudostaffella*（假史塔夫䗴）
C_1	大塘阶 上司组		灰岩为主 上部夹白云岩、砖石灰岩 下部夹泥灰岩、砂岩	*Eostaffella*（始史塔夫䗴） *Gigantoproductus*（大长身贝） *Yuanophyllum kansuense*（甘肃袁氏珊瑚）
	旧司组		上部灰岩、页岩 下部砂岩、页岩夹灰岩，煤层	*Thysanophyllum asiaticum*（亚洲泡沫柱珊瑚）
	岩关阶 汤粑沟组		灰岩、泥灰岩夹页岩砂层	*Eochoristites*（始分啄石燕） *Pseudouralinia tangpakouensis*（汤粑沟假乌拉珊瑚）
	革老河组		灰岩、白云岩夹页岩	*Cystophrentis kolaohoensis*（革老河泡沫内沟珊瑚）

图9-7 黔南石炭纪地层柱状图

（据全秋琦，王志平等，1990，补充修改）

3.二叠纪代表性化石

图9-8 二叠纪生物群面貌及代表性化石

1.*Misellina*;2、3.*Neoschwagerina*;4—6.*Wentzellophyllum*(4.标本、5—6.薄片);7.*Waagenophyllum*;8.*Hayasakaia*;9.*Leptodus*;10.*Pseudotirolites*;11.*Cathaysiopteris*;12.*Lobatannularia*;13.*Gigantopteris*;14.*Annularia*

Pseudoschwagerina（假希瓦格䗴）P_1，壳亚球形。通常6～9个壳圈，最初1～4个壳圈包旋紧，中部壳圈骤松，最后一圈又收紧。旋壁由致密层及细蜂巢层组成。膈壁薄，平或微皱。旋脊细小，仅见于内圈。

Misellina（米斯䗴），壳小，粗纺锤形至椭球形，最初2～3圈脐部明显。旋壁厚，由致密层及蜂巢层组成，膈壁平直，拟旋脊低而宽，发育完善，列孔多（图9-8-1）。时代：早二叠世早期。

Neoschwagerina（新希瓦格䗴）P_1，壳中等到大，粗纺锤形。旋壁由致密层及蜂巢层组成。膈壁平，副膈壁有轴向和旋向两组，每组又有第一和第二副膈壁之分。拟旋脊发育，低而宽，常与一级旋向副膈壁相连。列孔多（图9-8-2、图9-8-3）。时代：早二叠世晚期。

Codonofusiella（喇叭䗴）P_2，壳小，最初3～4个壳圈为纺锤形或粗纺锤形，终壳圈不包旋，展开喇叭形。旋壁薄，由致密层及透明层组成，膈壁强烈褶皱，旋脊不显著。

Wentzellophyllum（似文采尔珊瑚）P_1，复体块状，个体呈多角柱状，具蛛网状中柱。边缘泡沫带宽，泡沫板较小而数目多。横板向中柱倾斜，与鳞板带的界线不明显（图9-8-4～图9-8-6）。时代：早二叠世。

Waagenophyllum（卫根珊瑚）P，丛状群体，一级膈壁从外壁直达轴部，二级膈壁发育，复中柱由膈板、斜板和中板组成，蛛网状，斜横板长泡沫状，向中心倾斜下凹，横板短小呈水平状或向下凹，鳞板带窄，鳞板小，多列（图9-8-7）。

Hayasakaia（早板珊瑚）C_3—P_1，复体丛状，由棱柱状或部分呈圆柱状个体组成。个体由联结管相联。联结管呈四排分布在棱上。横板完整或不完整，凸或倾斜状。边缘有连续或断续的泡沫带（图9-8-8）。时代：晚石炭世—早二叠世。

Leptodus（蕉叶贝）P，具体呈牡蛎状，两侧极不对称，腹壳缓凸，背壳小而薄。壳质薄不易保存，化石常为内模，可壳内侧膈板弯曲，向前微凸，与壳面几乎呈直角，脊顶宽平。轴部为一光滑无饰的狭长壳面，具有一直立而薄的中膈板，背壳内有中膈脊，并向两旁分成横板，凸合在腹壳横沟中（图9-8-9）。

Pseudotirolites（假提罗菊石）P_2，壳外卷，盘状。腹部呈屋脊状或穹形，具明显的腹中棱。内部旋环侧面饰有小瘤。外部旋环侧面发育丁字形肋或横肋，具腹侧瘤。齿菊石型缝合线，每侧具有两个齿状的侧叶，腹叶二分不呈齿状（图9-8-10）。时代：晚二叠世。

Cathaysiopteris（华夏羊齿）P，叶很大，主轴基粗，相邻羽片彼此分离，羽片近对生，

披针形,全缘,微呈波浪状或锯齿状,向顶端逐渐变窄,基部收缩成心形,两边不对称,中脉粗,一级侧脉从主脉中伸出,细脉甚明显、细密,与一级侧脉成30°角,分叉1～2次,彼此不相结合。相邻两羽片的侧脉相遇就结成了缝脉,邻脉与细脉粗(图9-8-11)。

Lobatannularia(瓣轮叶)P,为芦木类的枝叶化石。每轮叶16～40枚,叶的形状和着生方式与轮叶同,但叶的长短差别大,多少向外向上弯曲,形成明显的两瓣。具上、下叶缺,一般下叶缺明显。叶基部彼此分离或大多数不同程度地连合(图9-8-12)。时代:二叠纪。

Gigantopteris(大羽羊齿)P,大型单叶,倒卵形、歪心形、纺锤形或椭圆形,边缘全缘,波状或者齿状。叶脉四级,中脉粗,1～3级侧脉羽状,三级侧脉结成大网眼,并分出细脉而结成小网眼,网眼内有时有盲脉。中脉上有邻脉分出(图9-8-13)。

Annularia(轮叶)C_3—P_1,芦木类的枝叶化石,叶轮生于小枝的节部,与枝夹角很小,几乎在一个平面上,呈辐射状直伸排列。每轮叶6～40枚,单脉,线形或倒披针形,同一轮叶长短相近,叶轮具上叶缺(在叶轮上、下部位有时有一空隙不生叶片处称叶缺或叶隙)或无(图9-8-14)。时代:晚石炭世—二叠纪。

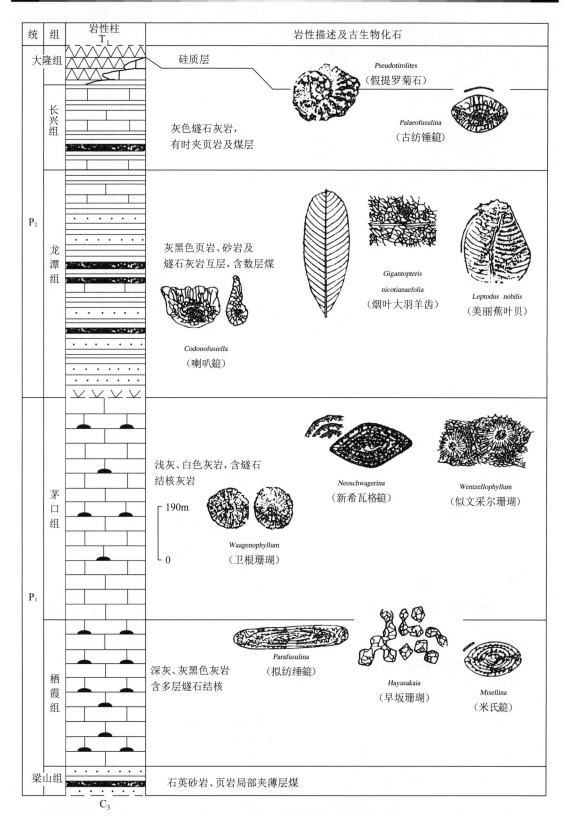

图9-9 黔中二叠纪地层柱状图

(据全秋琦,王志平等,1990,补充修改)

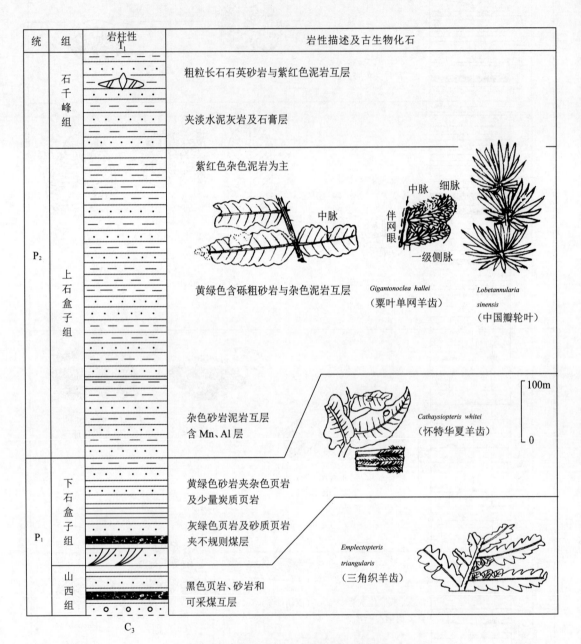

图9-10 山西太原二叠纪地层柱状图

(据全秋琦,王志平等,1990,补充修改)

实习十　上古生界地史特征及阶段性总结

一、实习目的与内容

（1）阅读晚泥盆世岩相古地理图和华南泥盆纪沉积示意图，了解我国泥盆纪古构造、古地理及华南地区海侵方向与相变规律。注意华南泥盆系南丹型与象州型的区别，以及宁乡式铁矿的分布与海侵范围的关系。

（2）读中国中晚石炭世岩相古地理图，了解并对比华南及华北石炭纪沉积分布规律。

（3）了解中国东部二叠纪古地理、古构造发展概况。

（4）通过对华北、华南地区一系列典型剖面对比，进一步了解中国东部晚古生代沉积发展史和构造特征（图10-1）。

二、思考题

（1）试述加里东运动对华南古构造、古地理的影响。

（2）根据柱状对比图及沉积示意图，分析华南泥盆纪海侵方向及地层超覆。

（3）比较我国华北及华南石炭纪地史特征有何不同？华南中晚石炭世古地理有何特色？

（4）根据沉积及生物群特征分析我国石炭纪气候特征及其对沉积矿产的影响。

（5）华北及华南二叠纪期间古地理、古气候有何变化？

（6）中国东部二叠纪含煤地层的时、空分布有何规律？

（7）二叠纪末生物界有何重大变革？

（8）晚二叠世早期康滇古陆两侧玄武岩喷发有何古构造意义？

三、作业

阅读中国东部几个重要地区上古生界地层剖面（黔桂、湘中、湘赣交境、闽中、山西太原），对比图10-1中各剖面地层，了解我国东部上古生界地层分布特征，绘制泥盆纪—早石炭世、晚石炭世—中二叠世、晚二叠世三个阶段华南地区沉积示意图（其剖面线方向见图10-2）。

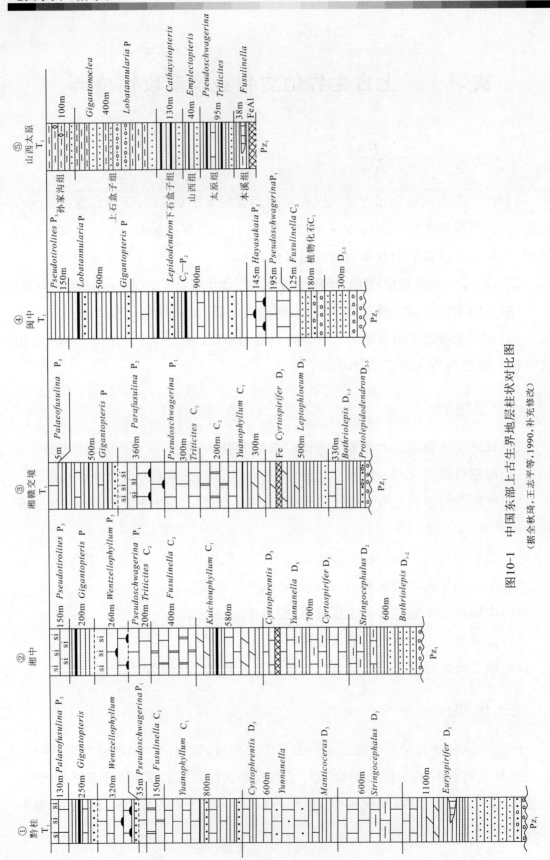

图10-1 中国东部上古生界地层柱状对比图
(据全秋琦、王志平等,1990,补充修改)

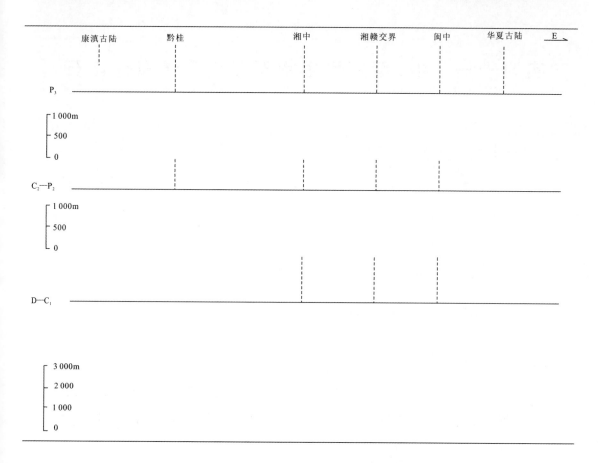

图10-2 华南晚古生代沉积示意剖面图

实习十一　中、新生代生物群面貌及代表性化石

一、实习目的

(1)了解三叠纪生物界总貌及主要生物门类的标准化石(图11-1~图11-4)。

(2)了解侏罗纪、白垩纪生物界总貌、陆生生物分区概况、生物组合特征及侏罗纪、白垩纪主要生物门类的标准化石(图11-5~图11-9)。

(3)参观关岭生物群、辽西生物群(图11-4、图11-10)。

二、生物群面貌及代表性化石

1.三叠纪代表性化石

Danaeopsis(拟丹尼蕨)T_3,蕨叶大,1~2次羽状分裂,中轴甚粗,小羽片带状,全缘,基部全部附着于轴,下延或略收缩。中脉粗,侧脉1~2次分叉,彼此联结成较稀的网脉。羽片下延部分具邻脉。实羽片同形,孢子囊圆形,分离,成行排列于侧脉两边,密布于羽背面(图11-1-1)。时代:晚三叠世。中国北部繁盛。

Dictyophyllum(网脉蕨)T_3,蕨叶的长柄顶端二歧分枝,二分枝相对向内弯成弧形,外侧辐射状着生羽片。羽片基部相连或否,羽片裂成三角形至镰刀状小羽片,各具中脉,侧脉以直角伸出,结成多角形网格,网内有细脉结成小网,孢子囊群着生于羽片背面细网孔内(图11-1-2)。时代:晚三叠世。中国南方繁盛。

Clathropteris(格子蕨)T_3,蕨叶柄顶端二歧分枝,羽片着生于分枝内侧,基部互相连合,整个蕨叶羽片作辐射式掌状排列,羽片边缘作强烈的锯齿状。中脉粗,侧脉羽状,第三次脉相互联结成长方格网,网内第四次脉结成细网,网内有盲脉。实羽片同形,孢子囊群无盖,位于羽片背面(图11-1-3)。时代:晚三叠世。中国南方繁盛。

Ophiceras(蛇菊石)T_1,壳体外卷,呈盘状。脐部宽,具高而直立的脐壁。腹部穹圆,旋环横断面略呈三角形。表面光滑或具少数不明显的肋或瘤。缝合线为微弱的齿菊石式,具两个细长的侧叶及短的肋线系(图11-1-4)。

Tirolites(提罗菊石)T_1,壳外卷呈盘状。腹部宽圆。旋环横断面为梯形。侧面具

图11-1 三叠纪生物群面貌及代表性化石

1.*Danaeopsis*；2.*Dictyophyllum*；3.*Clathropteris*；4.*Ophiceras*；5.*Tirolites*；6.*Protrachyceras*；7.*Claraia*；8.*Eumorphotis*；9.*Myophoria*；10.*Daonella*；11.*Halobia*

肋，腹侧缘有瘤状物，齿菊石式缝合线，具宽而浅的完整或微齿状的侧叶，脐缘上有一个肋叶（图11-1-5）。

Protrachyceras（前粗菊石）T_{2-3}，半外卷至半内卷，呈扁饼状。腹部具腹沟，沟旁各有一排瘤。壳表具有许多横肋，每一肋上附有排列规则的瘤，横肋常分叉或插入。缝合线为亚菊石式，鞍部也发生微弱的褶皱（图11-1-6）。时代：中至晚三叠世。

Claraia（克氏蛤），壳圆或卵圆形，左壳凸，右壳平，喙位前方，铰缘直而短于壳长，前耳小，足丝凹口明显，后耳较大，与壳体逐渐过渡。具同心线或放射线（图11-1-7）。时代：早三叠世。

Pseudoclaraia（假克氏蛤）T_1，壳近圆，不等壳，左凸右平，壳顶位于前端，铰缘直而短于壳长。前耳小或无，右足丝凹口明显，后耳较大，但不呈翼状，与壳体逐渐过渡。具同心或放射饰。

Eumorphotis（正海扇）T_1，扇形，壳中等至较大，正或微前斜，通常壳宽大于壳高。不等壳，左壳凸，右壳扁平。两耳发达，后耳耳凹深，沟状，后耳与壳逐渐过渡，右前耳下足丝凹口明显。铰缘直而长，约与壳长相等。壳面具放射饰（图11-3-8）。

Myophoria（褶翅蛤）T，壳近三角形，铰缘短，具后壳顶脊。喙前转。壳面光滑或具放射脊，齿系为裂齿型（图11-1-9）。时代：三叠纪。

Daonella（鱼鳞蛤）T_{2-3}，壳半圆形，等壳。喙近中央或略靠前，铰缘直长。无齿，无耳，无足丝凹口。具放射饰和发育不等的同心线（图11-1-10）。时代：中至晚三叠世。

Halobia（海燕蛤）本属与*Daonella*（鱼鳞蛤）很相似，主要区别：①具一清晰的前耳；②放射脊常分叉，常有膝折或扭曲；③后背缘附近三角区光滑或近光滑（图11-1-11）。时代：中至晚三叠世。

Burmesia（缅甸蛤），壳横卵形，两侧稍不等。铰缘直长。无齿，有内韧托。壳面中部有射线，前后部具同心线，有的前部尚有斜脊。本属两类群：一类前部具有斜脊，限于中三叠世；另一类前部有简单的细放射线，时代为晚三叠世，少数至早侏罗世（特提斯生物区）。

Bakevelloides（类贝荚蛤）多出现于晚三叠世，壳圆三角形，颇膨凸，常等壳。左壳有一浅的壳面凹陷将前部与壳体膈开。韧带区宽，扁三角形或梯形，其上有几个强的弹体窝。绞板前部有放射状假铰齿；后端有两片状齿，壳面具有同心饰或兼有放射饰。

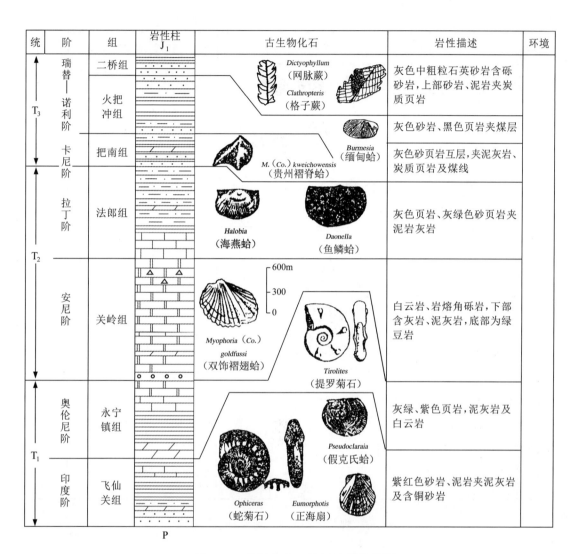

图11-2 贵州贞丰三叠纪地层柱状图

(据全秋琦,王志平等,1990,补充)

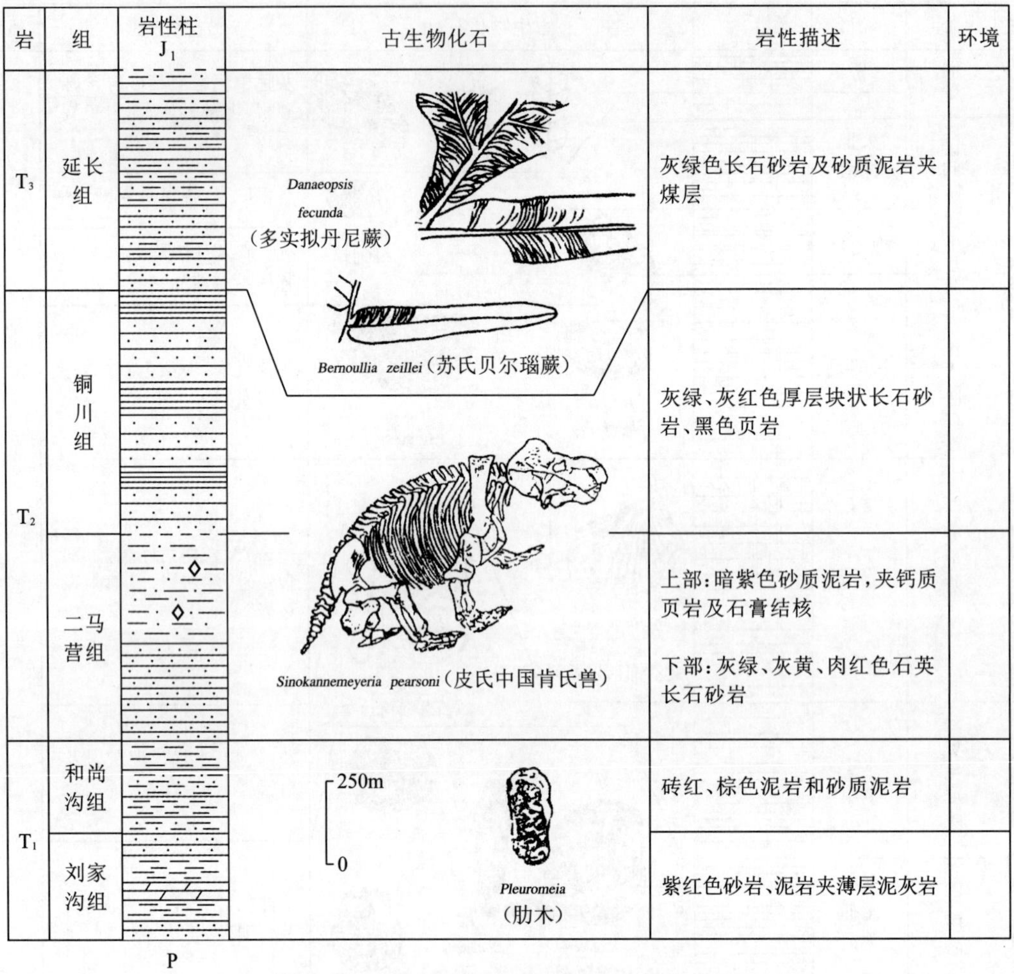

岩	组	岩性柱 J_1	古生物化石	岩性描述	环境
T_3	延长组		*Danaeopsis fecunda*（多实拟丹尼蕨）	灰绿色长石砂岩及砂质泥岩夹煤层	
T_2	铜川组		*Bernoullia zeillei*（苏氏贝尔瑙蕨）	灰绿、灰红色厚层块状长石砂岩、黑色页岩	
T_2	二马营组		*Sinokannemeyeria pearsoni*（皮氏中国肯氏兽）	上部：暗紫色砂质泥岩，夹钙质页岩及石膏结核 下部：灰绿、灰黄、肉红色石英长石砂岩	
T_1	和尚沟组	250m 0		砖红、棕色泥岩和砂质泥岩	
T_1	刘家沟组		*Pleuromeia*（肋木）	紫红色砂岩、泥岩夹薄层泥灰岩	
P					

图11-3 鄂尔多斯盆地三叠纪地层柱状图

2. 参观关岭生物群

图11-4 关岭生物群面貌及代表性化石

1. *Traumatocrinus* sp.（创口海百合）；2. 花瓣海百合；3、4. *Guanlingsaurus liangae*（梁氏关岭鱼龙）；
5. *Trachyceras multituberculatum*（多瘤粗菊石）；6. *Halobia*（海燕蛤）

Traumatocrinus sp.（创口海百合），200多年以来，古生物学家一直认为此类海百合是营浅海底栖的生活方式。但通过宜昌所地质学家的研究，他们是通过根部所发育的须状的根附着在漂浮树木上生活的，从而证明创口海百合并不是固着生长的，是一种营假浮游生活方式的海百合（图11-4-1）。

花瓣海百合，腕扇长13.5～17mm，宽16.8～20mm，分散角约90°～110°。腹面凸出，背面微凹，光滑。腕扇中部厚约4.8mm，腹沟分支3次，沟深，沟旁刻痕清晰，脊顶平，或微凹，脊的始部比沟略宽，但末端则比沟稍窄。腕的末端有腹沟22条，左右排列对称。正模标本盖板非常清楚，两行六边形盖板，顺沿腹沟排列，非常整齐规则。盖板薄，两行盖板的中间缝合线处稍微凸起，向两侧倾斜。沟底与轴沟之间的"膈板"较厚，平整。此种"膈板"过去曾称为"内盖板"。另一标本盖板也很清楚，在腕扇始部两行盖板保存完整清晰。腕的始端关节面呈马蹄形，宽2mm，高1.5mm。中孔与腹沟始端相连，呈漏斗状（图11-4-2）。

Guanlingsaurus liangae（梁氏关岭鱼龙），隶属爬行纲双孔亚纲鱼龙类关岭鱼龙科，是一具大型鱼龙化石，体长约8m，鱼雷型，头骨背视近三角形，长略大于宽，颈短尾长，四肢呈桨状，是一类已能很好适应海洋游泳生活的鱼龙。生活于晚三叠世早期（距今2.28亿～2.16亿年前），化石产于我国贵州关岭（图11-4-3、图11-4-4）。

Trachyceras multituberculatum（多瘤粗菊石）（图11-4-5），壳体大，外卷，呈厚盘状。腹部呈宽的穹圆形，具显著的腹中棱。旋环横断面略呈倒梯形。侧部向脐部倾斜，至外旋环前部有变平趋势。脐部宽而深，脐缘不明显。外旋环后部和中部的腹侧缘上，具有粗大高突的纵瘤。侧面上横肋粗短，至外旋环前部，纵瘤变弱成为瘤，侧面上横肋亦变弱。缝合线的第一侧叶相当宽，第一侧鞍宽而深，鞍顶平缓，第二侧鞍较高，外上部向脐方歪斜。

Halobia（海燕蛤）（图11-4-6），壳小至中等，中等凸度，卵形，前部较狭。喙位近中央靠前方，具有以明显耳凹沟分出的前耳及因无射饰而分出的后三角区。前耳分为下部较宽的卷筒状隆起部和上部近铰缘处狭窄的变平部。后者仅在成年时才显出，不伸达喙部，在未成年个体中一般不明显。壳饰由细密低平的射线组成，壳线一般仅分叉一次，线间槽很浅。未成年个体壳线直，成年个体上壳线发散，具宽圆的膝折，向前弯曲。壳线由中部向前、后变弱，未达到耳及后三角区即消失，但在成年个体中微弱射线可达耳凹沟及后三角区，见于近边缘处，但不膝折。后三角区不下凹，沿铰缘处由一凹槽分出平坦无射饰的窄条。

3. 侏罗纪、白垩纪代表性化石

图11-5 侏罗纪、白垩纪生物群面貌及代表性化石

1. *Coniopteris*; 2. *Brachyphyllum*; 3. *Ferganoconcha*; 4. *Psilunio*; 5. *Lamprotula*; 6. *Cuneopsis*; 7. *Trigonioides*; 8. *Plicatounio*; 9. *Nakamuranaia*; 10. *Nippononaia*; 11. *Eosestheria*; 12. *Lycoptera*; 13. *Ephemeropsis*; 14. *Arietites*; 15. 恐龙蛋

Coniopteris（锥叶蕨）J_1-K_1，蕨叶2～3次羽片分裂，羽片线形至披针形，以宽角度生于轴上。小羽片楔羊齿型，基部收缩，边缘分裂为裂片。叶脉羽状，细弱中脉不显著。有的羽片基部下行具变态小羽片，其后瓣裂片成线形并指向后方。实小羽片的裂片常退化，仅留柄状中脉或侧脉。囊群着生于叶边缘或叶脉末端，具杯状囊群盖。在化石印痕上囊群呈扁圆形（图11-5-1）。时代：侏罗纪早期至白垩纪早期，以侏罗纪晚期最盛。

Brachyphyllum（短叶杉）J_2-K，松柏类，小枝互生，位于同一平面上，叶鳞片状，质厚，宽而短，顶端分离部分长度小于叶基座宽度，呈螺旋状排列，紧贴枝轴，包裹枝轴一半以上。叶脉不明，叶下面有时有下陷气孔带组成纵沟纹（图11-5-2）。

Ferganoconcha（费尔干蚌），壳体小而薄，椭圆形至斜椭圆形，壳顶几乎不突出于铰缘之上。在页岩中均呈扁平状，但在粉砂岩中可见有一定凸度。壳面仅有生长线。铰齿极微弱，每壳仅见前后各有一个片状齿（图11-5-3）。时代：三叠纪、侏罗纪（中国北部为主）。

Psilunio（裸珠蚌）$J-R$，中等至颇大，短而圆（近圆形、方圆形、圆三角形、短三角形等），略膨凸至很膨凸，壳面具同心线饰。前假主齿上常有斜而不规则的沟脊（图11-5-4）。时代：侏罗纪至现代（中侏罗世最常见）。

Lamprotula（*Eolamprotula*）丽蚌（始丽蚌），壳中等至大，厚重，壳面常有瘤状突起或放射状皱脊。前部假主齿呈三角锥状，其上常有沟脊。后部片状齿右一左二（图11-5-5）。时代：中侏罗世。

Cuneopsis（楔蚌），壳呈楔形、大卵形，较强厚，有时向左或右侧扭曲。壳面仅见同心线。铰齿特征与丽蚌同型（图11-5-6）。时代：侏罗纪至现代（中侏罗世最常见）。

Trigonioides（类三角蚌），壳中等大小至较大，中部较大面积上放射脊交成尖端略向后斜的"V"字形，这"V"字形的前一组和后一组分别与前后侧的斜放射脊交成"V"字形饰（图11-5-7）。时代：早白垩世晚期。

Plicatounio（褶珠蚌），壳横长至横椭圆形，后腹角一般较发育，膨凸，后壳顶脊宽圆不显著。壳顶区一般较宽凸，壳嘴前转，位置较靠前。壳面放射脊在后腹部较宽凸，同心线过放射脊上弯，过放射脊沟下曲成波状。每壳具两个片状前假主齿，齿侧垂直而规则的小沟发育较差，后部片状齿侧光滑（图11-5-8）。时代：白垩纪。

Nakamuranaia（中村蚌）J_3-K_1，壳呈半梯形，前端宽圆，后端斜切。壳面仅有生长线。铰齿片状，前齿（假主齿）数目可有变异，常见者为左一右二，后齿（侧齿）左二右一

(图11-5-9)。时代：晚侏罗世至早白垩世。

Nippononaia（富饰蚌）K_1，壳呈长椭圆形，壳顶很靠前部。壳面有"V"字形纹饰，靠近前部，"V"字形尖端较后斜。铰齿片状（图11-5-10）。时代：早白垩世。

Eosestheria（东方叶肢介）J_3—K_1，壳瓣圆形、椭圆或卵圆形，个体中等到大。生长带宽平，数目较多，靠近背部或前腹区的生长带上具有中—大网状装饰，网壁较细，网底平浅。接近壳顶时，网孔变得小而规则。腹部和后腹区的生长带上具有由网饰演变而来的线脊装饰，线脊一般较粗，常弯曲和分叉，并有短线间入（图11-5-11）。壳瓣中部的生长带是上述两种装饰的过渡区。

Lycoptera（狼鳍鱼），头大眼大，眶上骨一块，眶上感觉沟终止于顶骨，头上感觉沟的分布与古鳕类相似。具颏孔。齿骨较大，自前向后逐渐加高。牙齿排列成行，大小近于一致。前鳃盖骨下肢较上肢宽大；下鳃盖骨颇小，鳃条骨纤细。椎体呈筒状，中部略收缩。有上神经棘和上髓弓小骨。胸鳍大，内侧有一粗大不分叉的鳍条。背鳍与臀鳍的起点相对，或稍靠前或稍居于后，背鳍小于臀鳍或大小相等。叉形尾，尾骨骼属于原始真骨鱼尾骨骼类型。圆鳞，较厚（图11-5-12）。时代：早白垩世。

Ephemeropsis（类蜉蝣），大型，前翅的臂缘较端缘稍长，前肘脉强烈弯曲，发出成双不规则的支脉，间插脉和横脉发达。成年个体长度（不包括尾丝）50mm，前翅长30～45mm，后翅长15～25mm。幼虫的腹眼大，尾丝3支，长15～25mm（图11-5-13）。时代：早白垩世。

Arietites（白羊石）J_1，外卷，厚盘状，脐宽，旋环横断面近方形，腹部具三脊二槽。壳侧面具单一的粗横肋，近腹部肋膨大成瘤，瘤以外的部分迅速转向前方。菊石型缝合线（图11-5-14）。时代：早侏罗世。

Hongkongites（香港菊石）J_1，壳形为丰外卷，壳体肥厚，旋环横断在近正方形，两侧面略同，腹部穹圆具浅腹沟。侧面上具单一及二分的粗肋，在腹部中间不中断，成为光滑和浅腹沟，缝合线不详。时代：早侏罗世。

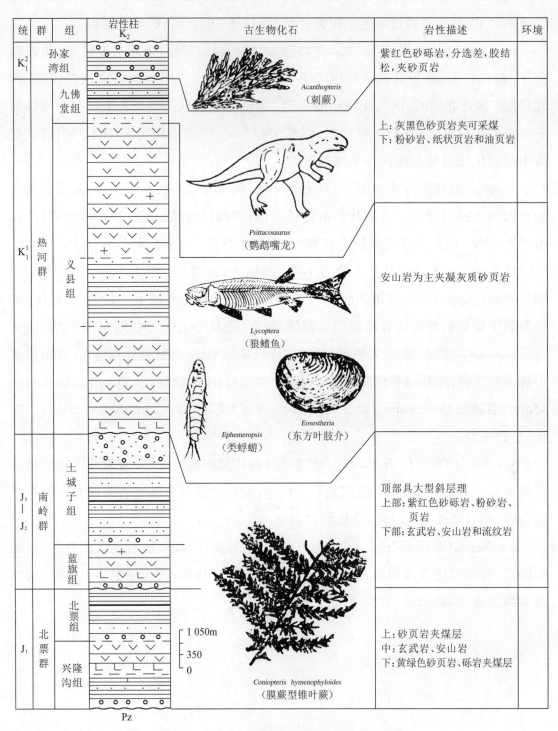

图11-6 辽西地区侏罗纪、白垩纪地层柱状图

(据全秋琦,王志平等,1990,补充)

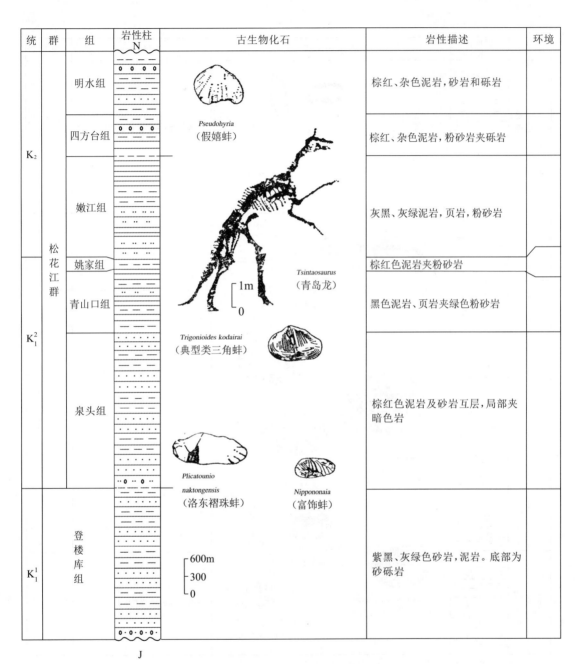

图11-7 松辽地区白垩纪地层柱状图

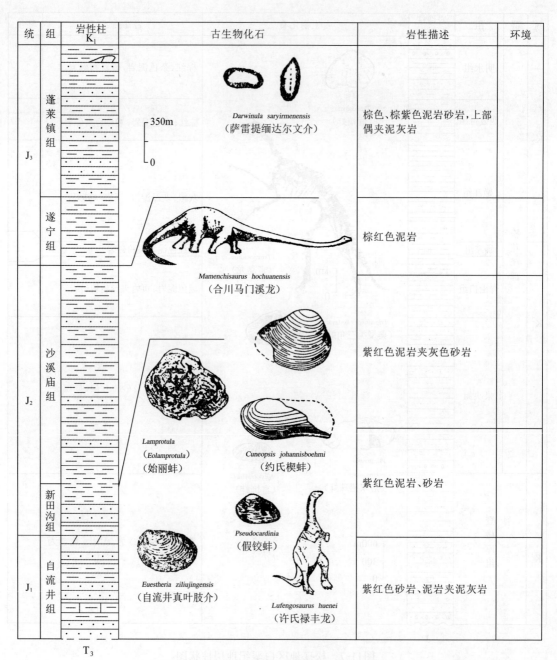

图11-8 四川中部侏罗纪地层柱状图

(据全秋琦,王志平等,1990,补充)

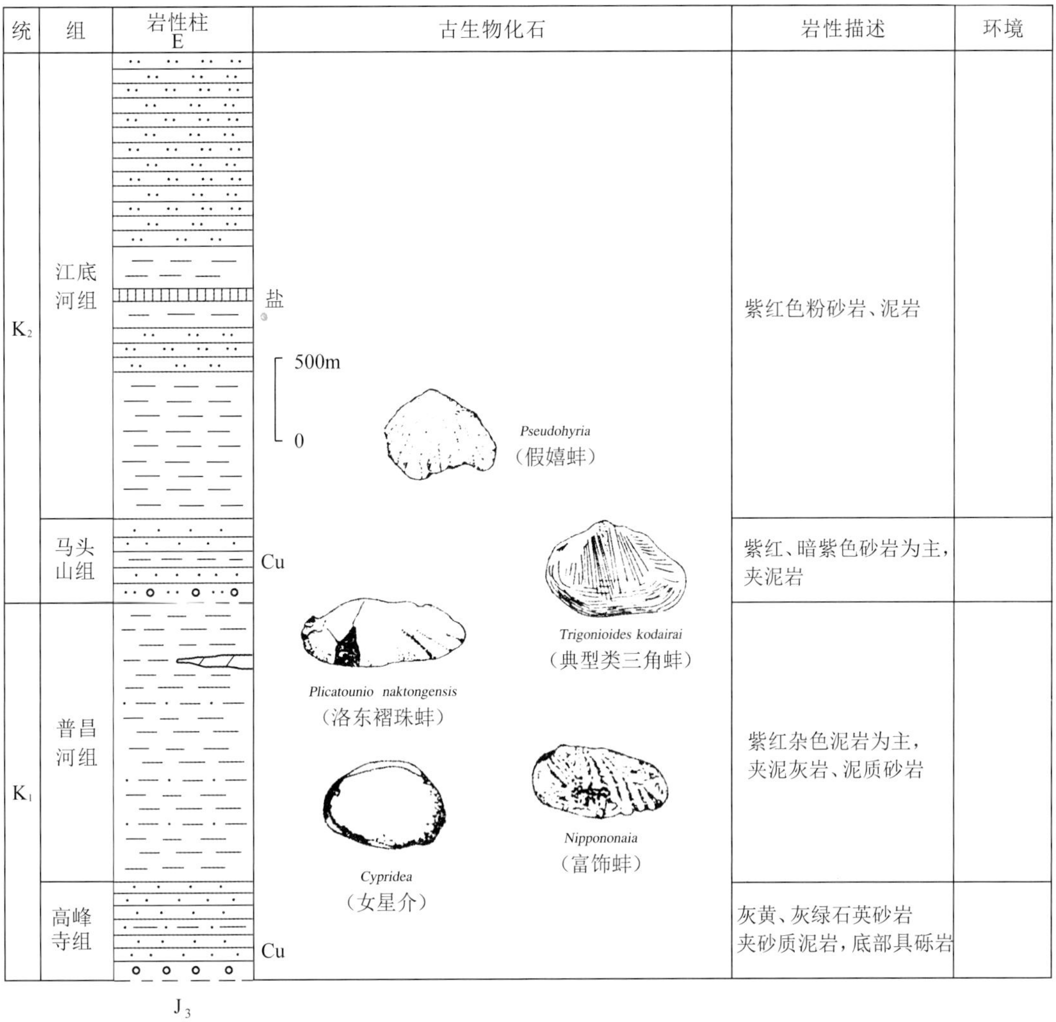

统	组	岩性柱 E	古生物化石	岩性描述	环境
K_2	江底河组	盐 500m 0	*Pseudohyria* (假嬉蚌)	紫红色粉砂岩、泥岩	
K_1	马头山组	Cu	*Trigonioides kodairai* (典型类三角蚌)	紫红、暗紫色砂岩为主，夹泥岩	
K_1	普昌河组		*Plicatounio naktongensis* (洛东褶珠蚌) *Cypridea* (女星介) *Nippononaia* (富饰蚌)	紫红杂色泥岩为主，夹泥灰岩、泥质砂岩	
	高峰寺组	Cu		灰黄、灰绿石英砂岩夹砂质泥岩，底部具砾岩	

J_3

图11-9 滇中地区白垩纪地层柱状图

(据全秋琦,王志平等,1990,补充)

4.参观辽西生物群(热河生物群陈列标本除植物群以外,都为馆藏的)

图11-10 热河生物群面貌及代表性化石

1.*Cathayornis* sp.(华夏鸟);2、3.*Hyphalosaurus lingyuanensis*(凌源潜龙);4.蝾螈;5.*Manchurochelys liaoxiensis*(辽西满洲龟);6.*Eosestheria ovata*(卵形东方叶肢介);7.古大蚊;8.*Liaocossus*(辽蝉);9.*Liaocossus*(辽蝉);10.*Sinaeschnidia cancellosa*(多室中国蜓);11.艾烟斑蛉;12.*Lycoptera sinensis*(中华狼鳍鱼);13.*Ephemeropsis trisetalis*(三尾拟蜉蝣);14.*Cricoidoscelosus aethus*(奇异环足虾);15.鳞齿鱼;16.*Cycadites lingyuanensis*(凌源似苏铁);17.*Pityocladus densifolius*(密叶松型枝);18.*Brachyphyllum longispicum*(长穗短叶杉)

Cathayornis sp.(华夏鸟)(图11-10-1),完整个体,趾骨不全。为朝阳地区最早被发现的中生代鸟类之一,它个体小,头部骨骼很少愈合,头颅较大,吻较长而低,具牙齿。胸骨龙骨突低,但与乌喙骨关联的面宽阔,肱骨近端已有小的气窝,掌骨近端愈合,并有腕骨滑车,指爪仅有两个且不发育,趾爪也不太钩曲。

Hyphalosaurus lingyuanensis(凌源潜龙)(图11-10-2、图11-10-3),凌源潜龙长颈双弓类水生爬行动物,相对身体比例,头骨较小,颈部长,颈椎19个,显著肿大的背肋呈"S"形。腹肋超过了20组,每组由三段组成,而对应每一椎体2~3组腹肋,其头骨相对小,吻部尖,似针状牙齿,特殊的长颈反映该动物适应湖泊环境,为食鱼动物。凌源潜龙是迄今为止中国发现的第一个来自中生代湖泊沉积中的长颈水生爬行动物。

蝾螈(图11-10-4),体长约7~9cm。背和体侧均呈黑色,有蜡光,腹面为朱红色,有不规则的黑斑;肛前部橘红色,后半部黑色,头扁平,吻端钝圆,吻棱较明显,有唇鳍,皮肤较光滑,有小表粒。躯干部背面中央有不显著的脊沟,尾侧扁。犁骨齿两长斜行成"^"形。四肢细长,前肢四指,后肢五趾,指、趾间无蹼。雄性肛部肥大,肛裂较大,雌性肛部呈丘状隆起,肛裂短。

Manchurochelys liaoxiensis(辽西满洲龟)(图11-10-5),特征是头骨低平,鼻骨小,前额骨在中线相遇,颧骨未进入眼眶,方轭骨贴于方骨外侧,翼骨外突发育良好,后腭孔部分以上颌骨为边界,耳柱切迹向后方开口。其背甲低平,椎盾六边形,第三椎盾后沟与第五、六椎板间骨缝重叠,具发育的上臀板,腹甲缩小退化呈十字形,具腹甲侧窗。

Eosestheria ovata(卵形东方叶肢介)(图11-10-6),为淡水小型节肢动物,壳瓣卵圆形—椭圆形,个体大,长17~21mm,高12~15mm。背缘直,壳顶位于基前端,前、后缘圆,腹缘向下拱曲,生长带比较宽,25~32条。壳瓣前腹部的生长带上具有比较大的网格状装饰,形状不规则且上下拉长,向背部网孔变小,形状亦较规则;壳瓣后腹部生长带上具有较疏的细线装饰,间或夹有短线,有时并向上或向下分叉,常常歪曲,线脊之间的间距比较开阔。

Architipula(古大蚊)(图11-10-7),虫长17mm,与北方现古大蚊相同,4个触角每个长18mm,2个复眼突出明显,翅痣有横脉,适合生活在草丛灌木之中。

Liaocossus(辽蝉)(图11-10-8、图11-10-9),同翅目、古蝉科。前翅长25mm,宽12mm。前翅三角形,具有1个显著的结脉,横贯翅面。后翅明显小于前翅,翅面具有清晰的色斑,该类昆虫成虫生活在裸子植物的树干之上,幼虫生活在土壤之中。

Sinaeschnidia cancellosa（多室中国鏩）（图11-10-10），蜻蜓目，古鏩科。大型昆虫。前翅长62mm、宽17mm，后翅长67mm、宽26mm。翅痣明显伸长，其下有10个横脉。前后翅三角室均为立式，内部小室细密，下三角室不发育。后翅臀区极大。翅面色斑明显。稚虫发育有细长的足，雄性种类腹部末端发育有2个明显的尾叉，雌性种类在尾叉之间还发育有1个细长的产卵板。成虫生活在湖岸和沼泽地区，飞行能力极强，捕食性种类。稚虫生活在湖泊水底，以弱小的鱼类和水生昆虫为食。

Embaneura（艾烟斑蛉）（图11-10-11），大型昆虫，虫体长2.7cm，前翅展开长11cm，后翅与前翅相同，前后翅有共同的四道色斑。横脉细密清晰。

Hipidoblattina hebeiensis（河北沟蠊），虫体长2cm，宽2.6cm，前翅长于后翅，后翅宽于前翅，翅横脉细纹清晰可见。

Cricoidoscelosus aethus（奇异环足虾）（图11-10-14），淡水小龙虾化石，雄性个体第一肢足呈棒状，第二肢足无特化，雌性具肢环沟构造。

鳞齿鱼（图11-10-15），以生活于水底的厚壳无脊椎动物为食，生活于浅海、深湖和淡水湖中。这种化石鱼很少发现有完整的，通常只保存孤立的鳞或骨质骨板，颅骨有结状突出物，鳃覆盖厚实的鳃盖骨，嘴长有半球形的具有碎功能的齿。中等长的身体覆盖着闪光但有很厚珐琅质的鳞，这些鳞成纵向排列。

Cycadites lingyuanensis（凌源似苏铁）（图11-10-16），属苏铁类。似苏铁属。羽叶单羽状分裂，保存长约12cm，中上部宽约5cm，羽轴宽约7cm，基部扩张成三角形；裂片仅保存于轴的中上部，基部最宽约2mm，向上缓缓变窄，顶端尖锐；每枚裂片含脉数条；表皮构造特征不明。此类植物多喜热并耐干旱气候。

Pityocladus densifolius（密叶松型枝）（图11-10-17），属松柏纲，松柏目，松科。松柏类带叶的长枝和短枝。短枝不规则地着生于长枝上，短柱状，短枝上密生宽不及1mm的针形叶。该植物对气候的适应性较强，中、新生代具有广泛地理分布。

Archaefructus liaoningensis（辽宁古果），属被子植物门，双子叶纲，古双子叶亚纲，古果科，生殖枝由主枝和侧枝组成，枝上螺旋状着生数十枚骨突果，其顶端有一短尖头；骨突果由心皮对折闭合形成，内含数枚胚珠；雄蕊位于心皮之下，着生在一"栓凸"状短基上，在轴上呈螺旋状排列；每个短基上着生2枚雄蕊；叶至少有三次羽状分裂，小羽片深裂，每枚裂片具一中脉。可能为草本水生植物。

Brachyphyllum longispicum（长穗短叶杉）（图11-10-18），松柏纲，掌鳞杉科。带球果的松柏尖具叶小枝，不规则的分枝多次，保存长可达7cm。枝上布满贴生的菱形小叶

片，在小枝的顶端着生雌球果。球果呈伸长的圆锥形，由菱形－卵圆形种鳞复合体组成，种子不明。本科属均为已绝灭植物，一般属喜热耐旱植物。

实习十二　中、新生代地史特征及阶段性总结

一、实习目的和内容

(1) 阅读中国三叠纪、侏罗纪、白垩纪典型地区地层柱状图(图12-1～图12-4),了解各纪地层发育特征,并进行沉积相分析。

(2) 阅读中国三叠纪、侏罗纪、白垩纪、古近纪、新近纪岩相古地理图,了解各纪沉积分布规律和古地理面貌。

(3) 了解中、新生代几次重要的构造运动对中国古地理、古构造格局的巨大影响,以及新华夏构造的形成史。

统	阶	组	岩性柱	岩性简述	古生物化石	沉积相	相对海平面变化 升　降
上三叠统 T_3	瑞替阶	二桥组		下部为灰色中粗粒石英砂岩,上部为灰色砂岩,页岩夹炭质页岩	*Dictyophyllum*(网脉蕨) *Clathropteris*(格子蕨)		
	诺利阶	火把冲组		灰色砂岩、黑色页岩夹煤层	*Burmesia*(缅甸蛤)		
		把南组		灰色砂页岩互层,夹泥灰岩、炭质页岩及煤线	*Myophoria kweichowensis*(贵州褶脊蛤)		
中三叠统 T_2	拉丁阶	法郎组		灰色页岩、灰绿色砂质页岩夹泥岩及灰岩	*Halobia*(海燕蛤) *Daonella*(鱼鳞蛤)		
	安尼阶	关岭组		白云岩、岩溶角砾岩,下部含灰岩、泥灰岩,底部为绿豆岩	*Myphoria goldfussi*(双饰褶脊蛤)		
下三叠统 T_1	奥尼阶	永宁镇组		灰绿色、紫色页岩、泥灰岩及白云岩	*Tirolites*(提罗菊石)		
	印度阶	飞仙关组		紫红色砂岩、泥岩夹泥灰岩及含铜砂岩	*Pseudoclaraia*(假克氏蛤) *Eumorphotis*(正海扇) *Ophiceras*(蛇菊石)		

图12-1　贵州贞丰三叠纪地层柱状图

(据全秋琦,王志平等,1990,补充)

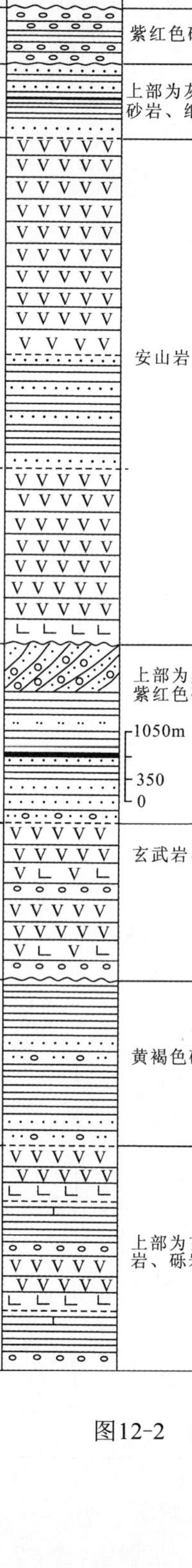

系	统	群及组	岩性柱	岩 性 简 述	古生物化石	沉积相	古气候及火山事件
白垩系	上统	孙家湾组		紫红色砂砾岩夹页岩,砾石分选差,胶结松散	*Acanthopteris*(刺蕨)		
	下统	热河群 九佛塘组		上部为灰黑色砂页岩夹可采煤;下部为灰黑色粉砂岩、纸状页岩及油页岩	*Psittacosaurus*(鹦鹉嘴龙)		
		热河群 义县组		安山岩为主夹凝灰质砂页岩	*Lycoptera*(狼鳍鱼) *Ephemeropsis*(类浮游) *Eosestheria*(东方叶肢介)		
侏罗系	上统—中统	南岭群 土城子组		上部为具大型风成交错层理的砂砾岩,下部为紫红色砾岩、砂岩、页岩夹煤层 1050m 350 0	*Coniopteris hymenophyloides*(膜蕨型锥叶蕨)		
		南岭群 蓝旗组		玄武岩、安山岩和流纹岩			
	下统	北票群 北票组		黄褐色砂岩、灰黑色页岩夹煤层			
		北票群 兴隆沟组		上部为玄武岩和安山岩,下部为黄绿色砂页岩、砾岩夹煤层			

图12-2 辽西地区侏罗纪、白垩纪地层柱状图

(据全秋琦,王志平等,1990,补充)

统	组	岩性柱 k_1	岩 性 简 述	古生物化石	沉 积 相	古气候
上侏罗统	蓬莱镇组		棕红色、棕紫色泥岩、砂岩,上部偶夹泥灰岩	*Darwinula saryirmenensis*（萨雷提缅达尔文介）		
	遂宁组		棕红色泥岩			
中侏罗统	沙溪庙组	350m 0	紫红色泥岩夹灰色砂岩	*Mamenchisaurus hochuanensis*（合川马门溪龙）		
	新田沟组		紫红色泥岩、砂岩	*Lamprotula*（始丽蚌） *Cuneopsis johannisboekmi*（约氏楔蚌） *Pseudacardinia ziliujingensis*（自流井真叶肢介） *Lufengosaurus huenei*（许氏禄丰龙）		
下侏罗统	自流井组		紫红色砂岩、泥岩夹泥灰岩			

T_3

图12-3　四川中部侏罗纪地层柱状图

（据全秋琦,王志平等,1990,补充）

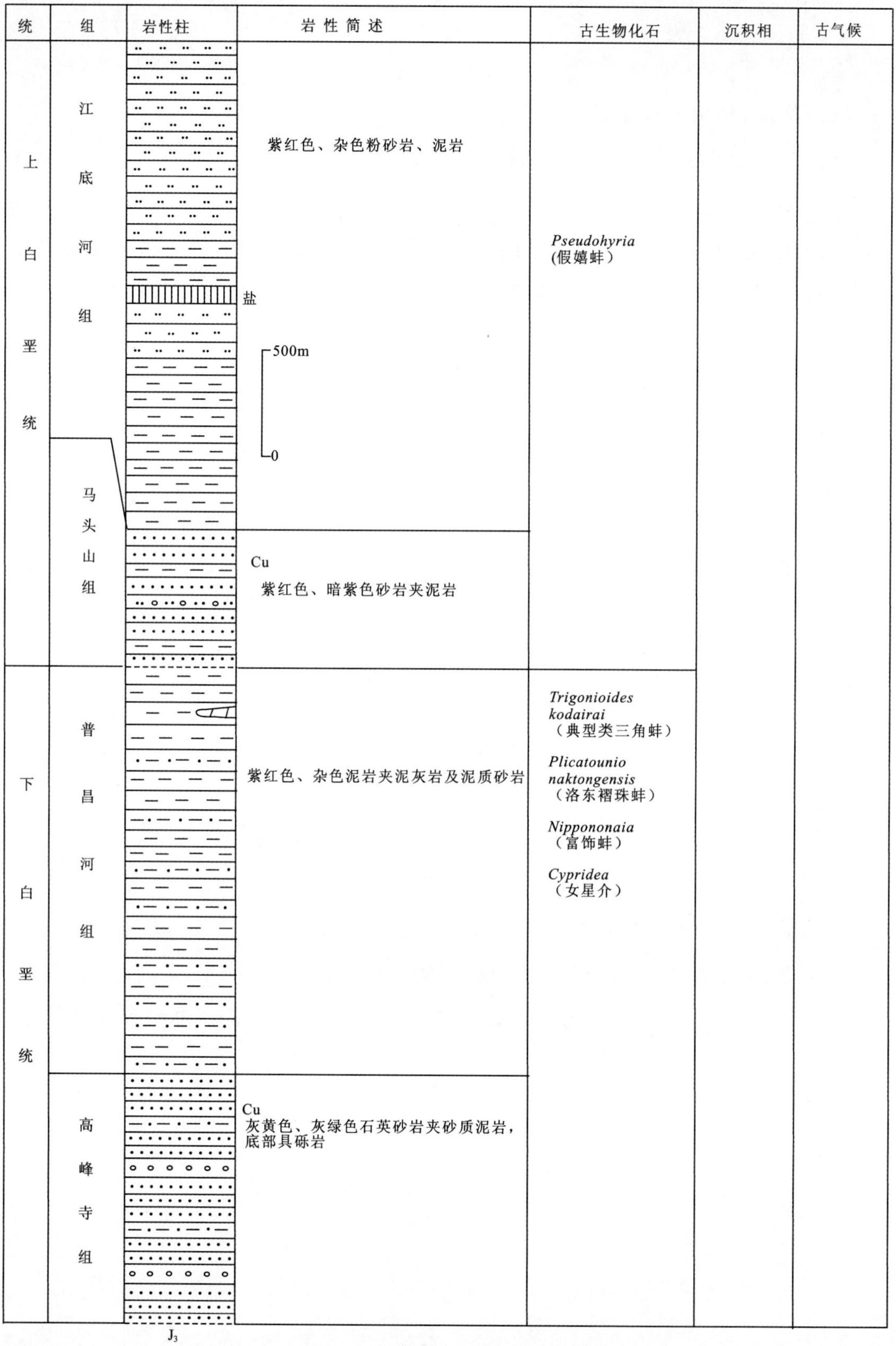

统	组	岩性柱	岩性简述	古生物化石	沉积相	古气候
上白垩统	江底河组		紫红色、杂色粉砂岩、泥岩 盐 ─500m ─0	*Pseudohyria* (假嬉蚌)		
	马头山组		Cu 紫红色、暗紫色砂岩夹泥岩			
下白垩统	普昌河组		紫红色、杂色泥岩夹泥灰岩及泥质砂岩	*Trigonioides kodairai* （典型类三角蚌） *Plicatounio naktongensis* （洛东褶珠蚌） *Nippononaia* （富饰蚌） *Cypridea* （女星介）		
	高峰寺组		Cu 灰黄色、灰绿色石英砂岩夹砂质泥岩，底部具砾岩 J₃			

图12-4 滇中地区白垩纪地层柱状图

（据全秋琦,王志平等,1990,补充）

二、作业

(1) 华北、华南三叠纪地史有何重要区别?

(2) 对比辽西和川滇盆地侏罗纪、白垩纪的生物面貌,沉积特征及其与气候的关系。

(3) 从哪些特征可以看出辽西地区在侏罗纪、白垩纪是活动的小型断陷盆地?

(4) 从哪些特征可以看出侏罗纪、白垩纪川滇大型内陆盆地是一个稳定的盆地?

(5) 与中生代相比较,新生代的古构造、古地理、古气候和沉积类型各有什么不同?

(6) 对比表12-1中不同地区沉积类型及古气候的差异,根据沉积特征和古气候特征将表着色。

三、思考题

(1) 早、中三叠世华南海生生物属何生物分区?晚三叠世有什么变化?原因何在?

(2) 中国三叠纪的植物分区界线何在?各代表什么气候?代表性分子是什么?

(3) 三叠纪与二叠纪生物面貌有何重大不同?

(4) 印支Ⅰ期运动引起的拉丁期大海退对华南有什么影响?产生了什么结果?各地区的表现有何不同?

(5) 晚三叠世华南的古地理及古气候与早、中三叠世有何重要不同?

(6) 燕山运动的时间、期次、表现特征及影响。

(7) T-P-N动物群、E-E-L动物群的主要分子及其时代。

(8) 东部火山活动带在J_3—K期间有何变化规律?

(9) 喜马拉雅山系何时形成?它对古构造、古地理、古生物的发展演变有何影响?

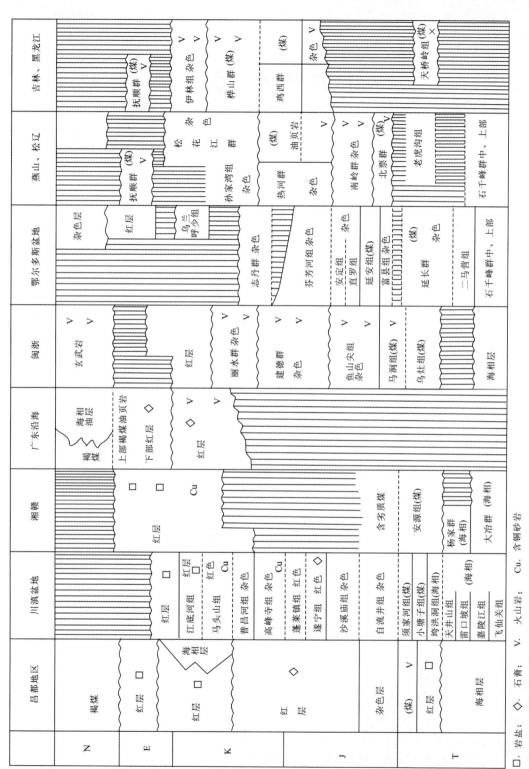

表12-1 中国中、新生代地层对比表

主要参考文献

刘本培,全秋琦.地史学教程[M].北京:地质出版社,1996.

杜远生,童金南.古生物地史学概论(第二版)[M].武汉:中国地质大学出版社,2009.

全秋琦,王志平.地史学实习教程[M].北京:地质出版社,1990.